#서술형
#해결전략
#문제해결력
#요즘수학공부법

수학도
독해가
힘이다

**Chunjae
Makes
Chunjae**

▼

기획총괄	박금옥
편집개발	윤경옥, 박초아, 김연정, 김수정, 김유림
디자인총괄	김희정
표지디자인	윤순미, 김소연
내지디자인	박희춘, 이혜미
제작	황성진, 조규영

발행일	2023년 10월 15일 2판 2024년 10월 15일 2쇄
발행인	(주)천재교육
주소	서울시 금천구 가산로9길 54
신고번호	제2001-000018호
고객센터	1577-0902

수학도 독해가 힘이다

초등 수학 2·1

4차 산업혁명 시대!
AI가 인간의 일자리를 대체하는 시대가
코앞에 다가와 있습니다.

인간의 강력한 라이벌이 되어버린 **AI**를 이길 수 있는
인간의 가장 중요한 **능력 중** 하나는
바로 '**독해력**'입니다.

수학 문제를 푸는 데에도 이러한 '독해력'이 필요합니다.
일단 문장을 읽고 이해한 후 수학적으로 바꾸어 생각하여
무엇을 구해야 할지 알아내는 것이 수학 독해의 핵심입니다.

〈수학도 **독해가 힘이다**〉는 읽고 이해하는
수학 독해력 훈련의 기본서입니다.

Contents

1 세 자리 수 ———————————————— 4쪽

2 여러 가지 도형 ———————————————— 30쪽

3 덧셈과 뺄셈 ———————————————— 52쪽

4 길이 재기 ———————————————— 78쪽

5 분류하기 ———————————————— 100쪽

6 곱셈 ———————————————— 122쪽

이 책의 **특징**

1 문제 **해결력** 기르기

3 **해결 전략을 익혀서** 선행 문제 → 실행 문제를 **완성!**

선행 문제 해결 전략

• 말의 표현에 따라 찾아야 하는 수 알아보기

더 큰 더 많은 순서가 더 늦은	더 작은 더 적은 순서가 더 빠른
↓	↓
더 큰 수를 찾는다.	더 작은 수를 찾는다.

2 **선행 문제를 풀면** 실행 문제를 풀기 **쉬워져!**

선행 문제 3

(1) 더 많은 것을 찾아 써 보세요.

> 볼펜 : 23자루, 연필 : 12자루

풀이 '더 많은'이므로 더 (큰 , 작은) 수를

찾는다. 23 ◯ 12이므로

더 많은 것은 ☐ 이다.

(2) 더
> 실행 문제를 풀기 위한 워밍업

> 민석 : 20번째, 준혁 : 16번째

1 **실행 문제를 푸는 것이 목표!**

실행 문제 3

과일 가게에 사과가 150개,
복숭아가 164개 있습니다. /
사과와 복숭아 중에서 더 많은 과일은 무엇
인가요?

전략 '더 많은'이므로 더 큰 수를 찾아보자.

❶ 더 많은 과일
> 풀이 단계별 전략 제시

(큰 , 작은) 수를 찾는다.

전략 백의 자리 숫자가 같으면 십의 자리 숫자를
비교하자.

4 **쌍둥이 문제로** 실행 문제를 **완벽히 익히자!**

쌍둥이 문제 3-1

유정이네 학교에는 남학생이 170명,
여학생이 177명 있습니다. /
남학생과 여학생 중에서 더 적은 학생을 구
해 보세요.

실행 문제 따라 풀기

❶
> 실행 문제 해결 방법을
> 보면서 따라 풀기

❷

2 수학 사고력 키우기

단계별로 풀면서 **사고력 UP!** 따라 풀기를 하면서 **서술형 완성!**

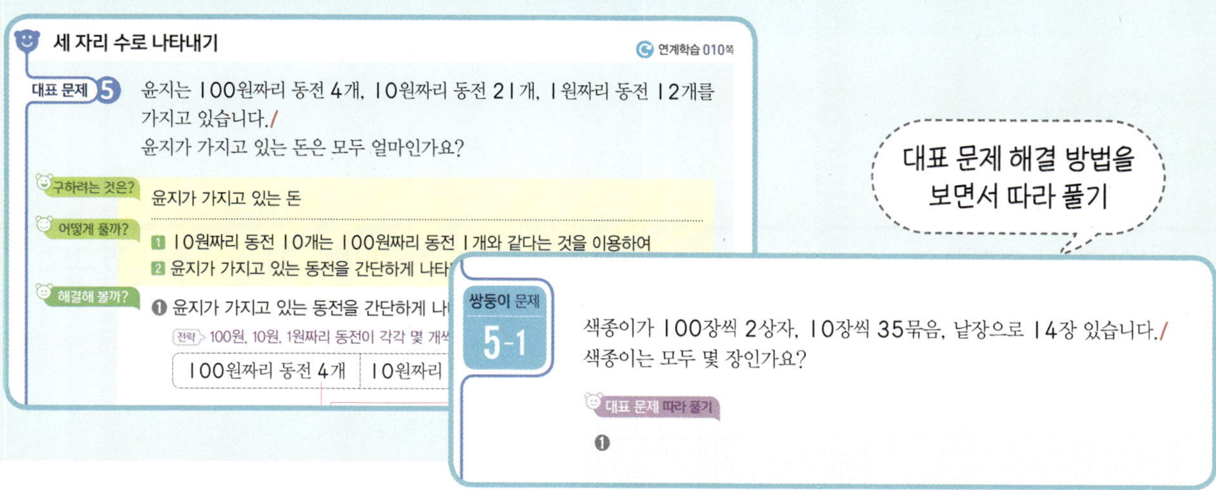

3 수학 독해력 완성하기

차근차근 단계를 밟아 가며 **문제 해결력 완성!**

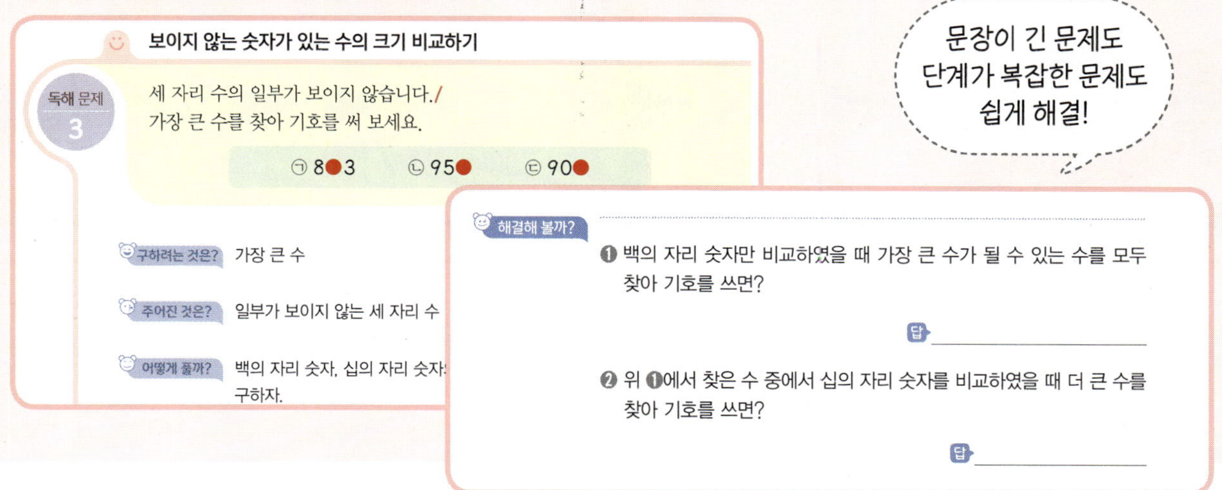

4 창의·융합·코딩 체험하기

요즘 수학 문제인 **창의 · 융합 · 코딩** 문제 수록

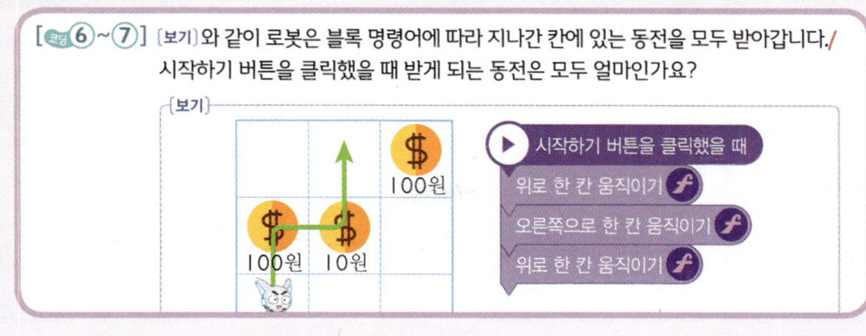

1 세 자리 수

FUN 한 이야기

사탕이 두 통 있어요.
한 사람이 한 통씩 가지세요.
가
나
응!

가 통에는 사탕이 121개가 들어 있고요,
내가 더 많은 거 먹을래!
가
121개

나 통에는 사탕이 134개 들어 있어요.
그런데 어떤 게 더 많은 거지?
제가 골라 드리겠습니다.
나
134개

사탕이 더 많이 들어 있는 것은 어느 것인가요?
영웅님은 이걸 드시면 될 것 같습니다.
가
나
믿어도 되는 건가?

사탕이 두 통 있습니다. /

가 통에는 121개, 나 통에는 134개의 사탕이 들어 있을 때 /

사탕이 더 많이 들어 있는 것은 어느 것인가요?

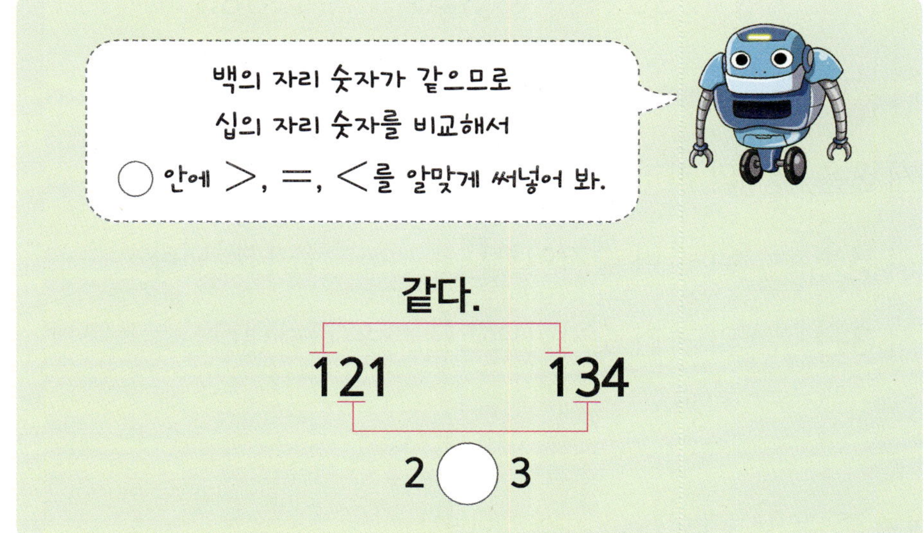

답 ___________ 통

{ 문제 해결력 기르기 }

① 나타내는 값 구하기

• 각 자리의 숫자가 나타내는 값 알아보기

554의 각 자리 숫자가 나타내는 값

자리	백의 자리	십의 자리	일의 자리
숫자	5	5	4
나타내는 값	500	50	4

밑줄 친 **4**가 나타내는 값은 얼마인지 구해 보세요.

(1) 54**1**

풀이 4는 (백 , 십 , 일)의 자리 숫자이므로 [ ]을 나타낸다.

(2) **4**39

풀이 4는 (백 , 십 , 일)의 자리 숫자이므로 [ ]을 나타낸다.

3이 나타내는 값이/ 300인 것을 찾아 기호를 쓰세요.

㉠ 230　　　㉡ 340　　　㉢ 683

전략 3이 나타내는 값을 각각 구하자.

❶ ㉠ 230에서 3은 [ ]의 자리 숫자이므로 [ ]을 나타낸다.

㉡ 340에서 3은 [ ]의 자리 숫자이므로 [ ]을 나타낸다.

㉢ 683에서 3은 [ ]의 자리 숫자이므로 [ ]을 나타낸다.

전략 ❶에서 구한 수 중 나타내는 값이 300인 것을 찾아보자.

❷ 3이 나타내는 값이 300인 것의 기호는 [ ]이다.

답 

② 수를 뛰어서 세는 규칙을 찾아 알맞은 수 구하기

선행 문제 해결 전략

• 뛰어서 세는 규칙 찾기

> **어느 자리 숫자가 어떻게 달라지는지** 알아보고 뛰어서 세는 규칙을 찾자.

예 | 120 | 130 | 140 | 150 | 160 |

➜ **십의 자리 숫자**가 1씩 커지므로 **10**씩 뛰어서 세는 규칙이다.

예 | 230 | 330 | 430 | 530 | 630 |

➜ **백의 자리 숫자**가 1씩 커지므로 **100**씩 뛰어서 세는 규칙이다.

선행 문제 ②

몇씩 뛰어서 센 것인지 구해 보세요.

(1) | 111 | 121 | 131 | 141 | 151 |

풀이 (백 , 십 , 일)의 자리 숫자가 1씩 커진다.

➜ ☐씩 뛰어서 세는 규칙이다.

(2) | 921 | 922 | 923 | 924 | 925 |

풀이 (백 , 십 , 일)의 자리 숫자가 1씩 커진다.

➜ ☐씩 뛰어서 세는 규칙이다.

실행 문제 ②

뛰어서 세는 규칙을 찾아/ ㉠에 알맞은 수를 구해 보세요.

| 339 | 439 | 539 | 639 | ☐ | ㉠ |

전략 어느 자리 숫자가 몇씩 커지는지 알아보고 뛰어서 세는 규칙을 찾아보자.

❶ (백 , 십 , 일)의 자리 숫자가 ☐씩 커지므로

☐씩 뛰어서 세는 규칙이다.

전략 ❶에서 찾은 규칙으로 639부터 뛰어서 세자.

❷ 뛰어서 세기 : | 639 | ☐ | ☐ |
          ㉠

답 ________________

③ 수의 크기 비교하기

• 말의 표현에 따라 찾아야 하는 수 알아보기

더 큰 더 많은 순서가 더 늦은	더 작은 더 적은 순서가 더 빠른
↓	↓
더 큰 수를 찾는다.	더 작은 수를 찾는다.

선행 문제 ③

(1) 더 많은 것을 찾아 써 보세요.

> 볼펜 : 23자루, 연필 : 12자루

풀이 '더 많은'이므로 더 (큰 , 작은) 수를 찾는다. 23 ◯ 12이므로

더 많은 것은 ☐ 이다.

(2) 더 늦게 온 사람을 찾아 써 보세요.

> 민석 : 20번째, 준혁 : 16번째

풀이 '더 늦게'이므로 더 (큰 , 작은) 수를 찾는다. 20 ◯ 16이므로

더 늦게 온 사람은 ☐ 이다.

실행 문제 ③

과일 가게에 사과가 150개, 복숭아가 164개 있습니다. /
사과와 복숭아 중에서 더 많은 과일은 무엇인가요?

전략 '더 많은'이므로 더 큰 수를 찾아보자.

❶ 더 많은 과일을 구해야 하므로 더 (큰 , 작은) 수를 찾는다.

전략 백의 자리 숫자가 같으면 십의 자리 숫자를 비교하자.

❷ 150 ◯ 164

❸ 더 많은 과일은 (사과 , 복숭아)이다.

답 ___________________

쌍둥이 문제 3-1

유정이네 학교에는 남학생이 170명, 여학생이 177명 있습니다. /
남학생과 여학생 중에서 더 적은 학생을 구해 보세요.

실행 문제 따라 풀기

❶

❷

❸

답 ___________________

④ 수 카드로 세 자리 수 만들기

선행 문제 해결 전략

• 수 카드를 한 번씩만 사용하여 수 만들기

(예) 가장 큰 세 자리 수 만들기

큰 수부터 백, 십, 일의 자리에 **차례로** 써넣는다.

백의 자리	십의 자리	일의 자리
6	**4**	**1**

큰 수부터 차례로 쓰기

(예) 가장 작은 세 자리 수 만들기

작은 수부터 백, 십, 일의 자리에 **차례로** 써넣는다.

백의 자리	십의 자리	일의 자리
1	**4**	**6**

작은 수부터 차례로 쓰기

선행 문제 ④

3장의 수 카드를 한 번씩만 사용하여 세 자리 수를 만들어 보세요.

 2 3 5

(1) 가장 큰 세 자리 수를 만들어 보세요.

(풀이) 수의 크기 비교: $5 > 3 > 2$

➜ 가장 큰 세 자리 수: ☐☐☐

(2) 가장 작은 세 자리 수를 만들어 보세요.

(풀이) 수의 크기 비교: $2 < ☐ < ☐$

➜ 가장 작은 세 자리 수: ☐☐☐

세
자
리
수

실행 문제 ④

4장의 수 카드 중 3장을 한 번씩만 사용하여 세 자리 수를 만들었습니다. /
만든 수 중 가장 큰 세 자리 수와 / 가장 작은 세 자리 수를 각각 써 보세요.

2 4 9 3

❶ 수의 크기 비교: $9 > ☐ > ☐ > ☐$

(전략) ☐ 안에 큰 수부터 차례로 써넣자.

❷ 가장 큰 세 자리 수: ☐☐☐

(전략) ☐ 안에 작은 수부터 차례로 써넣자.

❸ 가장 작은 세 자리 수: ☐☐☐

(답) 가장 큰 세 자리 수: _______________

가장 작은 세 자리 수: _______________

{ 문제 **해결력** 기르기 }

⑤ 세 자리 수로 나타내기

선행 문제 해결 전략

例 100이 2개, 10이 13개, 1이 2개인 수를 세 자리 수로 나타내기

① 10이 13개인 수 구하기

10이 **13**개인 수는
10이 **10**개, 10이 **3**개인 수이므로
100이 **1**개, 10이 **3**개인 수와 같다.

②
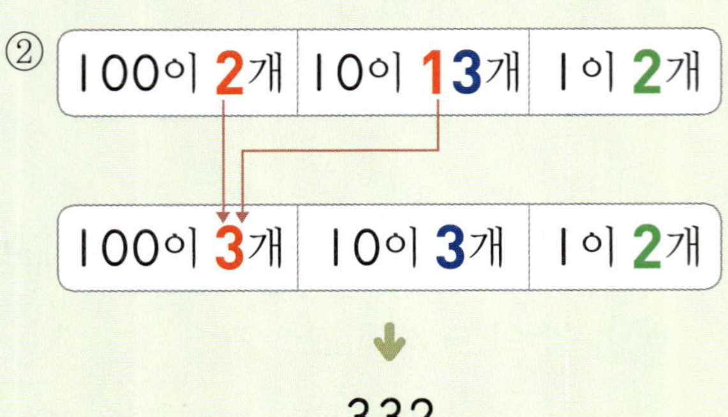

↓

332

선행 문제 ⑤

다음이 나타내는 수를 써 보세요.

100이 2개, 10이 11개, 1이 5개인 수

풀이 ① 10이 11개인 수는 100이 ☐개, 10이 1개인 수와 같다.

②
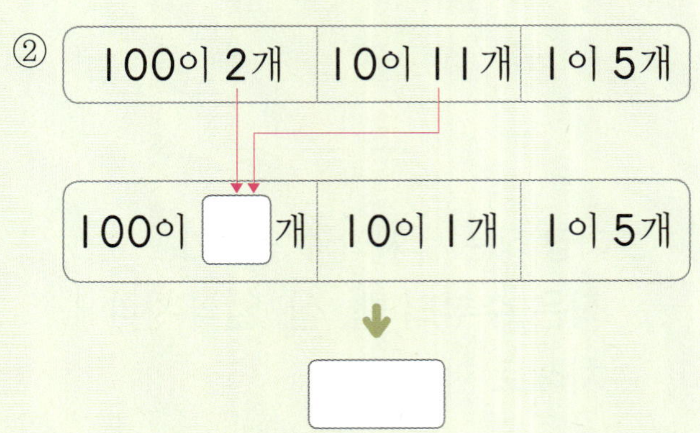

실행 문제 ⑤

사탕이 100개씩 3상자, 10개씩 12봉지, 낱개로 4개 있습니다. / 사탕은 모두 몇 개인가요?

전략 10개씩 12봉지는 몇 상자, 몇 봉지와 같은지 구하자.

❶ 10개씩 12봉지는 100개씩 ☐상자와 10개씩 2봉지와 같다.

전략 ❶에서 구한 수를 이용하여 사탕은 모두 몇 개인지 구하자.

❷
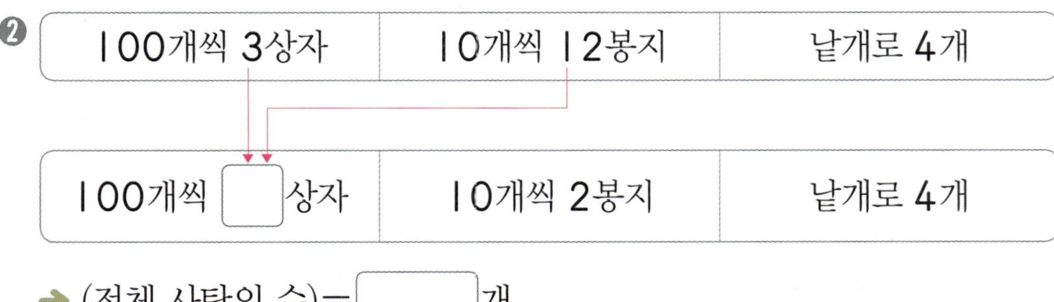

➡ (전체 사탕의 수)= ☐개

세 자리 수

답 

6 설명하는 수 구하기

선행 문제 해결 전략

- 설명을 모두 만족하는 수 구하기

> **· 세 자리 수**입니다.
> · 백의 자리 숫자는 3입니다.
> · 십의 자리 숫자는 2입니다.
> · 일의 자리 숫자는 1입니다.

① **세 자리 수**이므로 □칸을 3개 그린다.

② 각 자리 숫자를 빈칸에 써넣는다.

백의 자리	십의 자리	일의 자리
3	2	1

선행 문제 6

알맞은 자리에 수를 써넣으세요.

(1) 백의 자리 숫자가 9, 십의 자리 숫자가 3,
일의 자리 숫자가 4인 세 자리 수

→ 세 자리 수:

백의 자리	십의 자리	일의 자리

(2) 백의 자리 숫자가 3, 십의 자리 숫자가 1,
일의 자리 숫자가 5인 세 자리 수

→ 세 자리 수:

백의 자리	십의 자리	일의 자리

실행 문제 6

설명을 모두 만족하는 수를 구해 보세요.

> · 세 자리 수입니다.
> · 백의 자리 숫자는 500을 나타냅니다.
> · 십의 자리 숫자는 4입니다.
> · 일의 자리 숫자는 7입니다.

[전략] 백의 자리 숫자를 구하자.

❶ 백의 자리 숫자:

[전략] 세 자리 수이므로 □칸을 3개 그리고, □ 안에
각 자리 숫자를 써넣자.

❷
백의 자리	십의 자리	일의 자리

답 ________________

쌍둥이 문제 6-1

설명을 모두 만족하는 수를 구해 보세요.

> · 세 자리 수입니다.
> · 백의 자리 숫자는 600을 나타냅니다.
> · 십의 자리 숫자는 9입니다.
> · 일의 자리 숫자는 3입니다.

[실행 문제 따라 풀기]

❶

❷

답 ________________

{ 수학 사고력 키우기 }

나타내는 값 구하기

연계학습 006쪽

대표 문제 1

6이 나타내는 값이/ 가장 큰 것을 찾아 기호를 쓰세요.

㉠ 216 ㉡ 460 ㉢ 650

구하려는 것은?

◻이 나타내는 값이 가장 큰 것

어떻게 풀까?

6이 나타내는 값을 각각 구하여, 그 수의 크기를 비교하자.

해결해 볼까?

❶ 6이 나타내는 값은?

전략 ㉠, ㉡, ㉢에서 6은 어느 자리 숫자인지 먼저 알아보자.

답 ㉠: _______________

㉡: _______________

㉢: _______________

❷ 6이 나타내는 값이 가장 큰 것의 기호는?

답 _______________

세 자리 수

1

12

쌍둥이 문제 1-1

3이 나타내는 값이/ 가장 큰 것을 찾아 기호를 쓰세요.

㉠ 239 ㉡ 351 ㉢ 413

대표 문제 따라 풀기

❶

❷

답 _______________

수를 뛰어서 세는 규칙을 찾아 알맞은 수 구하기

연계학습 007쪽

대표 문제 2

[보기]와 같은 규칙으로 뛰어서 세었을 때 / ㉠에 알맞은 수를 구해 보세요.

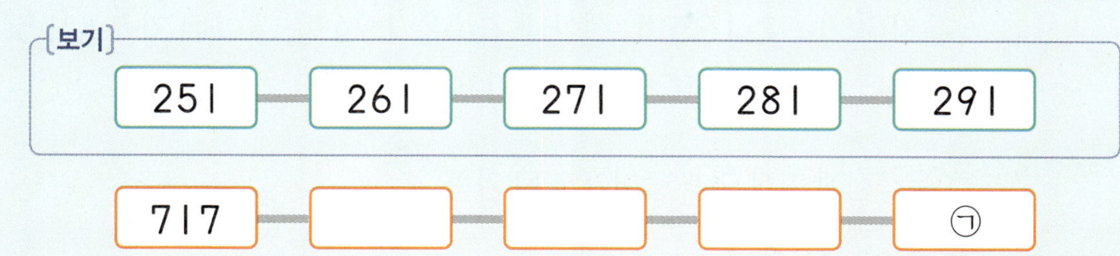

구하려는 것은? [보기]의 규칙으로 뛰어서 세었을 때 ㉠에 알맞은 수

주어진 것은? 251부터 규칙적으로 뛰어서 센 수

해결해 볼까?

❶ [보기]의 규칙을 쓰면?

전략 십의 자리 숫자가 1씩 커지고 있다.

답 □ 씩 뛰어서 세는 규칙이다.

❷ 위 ❶에서 찾은 규칙으로 717부터 뛰어서 세어 ㉠에 알맞은 수를 구하면?

전략 위 ❶에서 찾은 규칙으로 빈칸을 채우자.

답 _______

세 자리 수

1

쌍둥이 문제 2-1

[보기]와 같은 규칙으로 뛰어서 세었을 때 / ㉠에 알맞은 수를 구해 보세요.

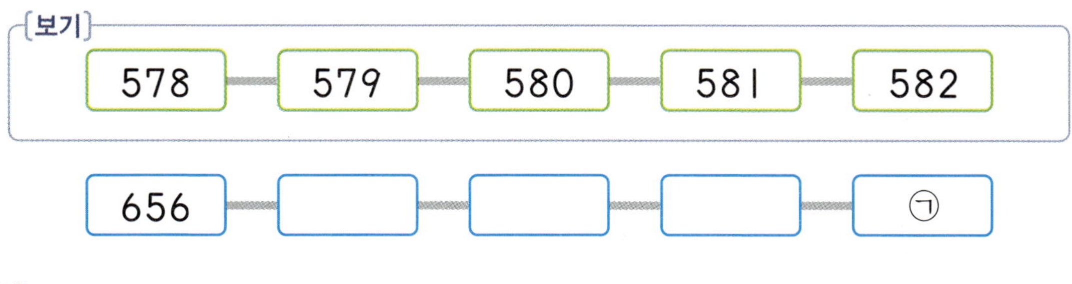

대표 문제 따라 풀기

❶

❷

답 _______

STEP 2

😊 수의 크기 비교하기

연계학습 008쪽

대표 문제 3

음식점에 들어가기 위해 번호표를 받아서 기다리고 있습니다. /
은지네 가족은 135번, 선아네 가족은 194번, 윤아네 가족은 150번입니다. /
누구네 가족이 가장 먼저 들어가게 되나요?

구하려는 것은? 음식점에 가장 먼저 들어가게 될 가족

해결해 볼까?

❶ 알맞은 말에 ◯표 하기

[전략] 온 순서대로 앞 번호의 번호표를 받는다.

> 가장 먼저 들어가게 될 가족을 찾으려면 번호표의 수가
> 가장 (큰 , 작은) 것을 찾는다.

❷ 번호표의 수의 크기를 비교해 보면?

[전략] 백의 자리 숫자가 같으면
십의 자리 숫자를 비교하자.   **답** [　] < [　] < [　]

❸ 가장 먼저 들어가게 될 가족은?

[전략] 번호표의 수가 작을수록 먼저 들어간다.

답 [　] 네 가족

14

쌍둥이 문제 3-1

은행에서 번호표를 뽑고 기다리고 있습니다. /
현아는 297번, 준수는 265번, 상윤이는 303번입니다. /
번호표를 가장 늦게 뽑은 사람은 누구인가요?

😊 **대표 문제 따라 풀기**

❶

❷

❸

답 ________________

수 카드로 세 자리 수 만들기

연계학습 009쪽

대표 문제 4

4장의 수 카드 중 3장을 한 번씩만 사용하여/
가장 작은 세 자리 수를 만들어 보세요.

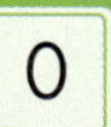

구하려는 것은? 가장 작은 세 자리 수

어떻게 풀까?
1 수 카드의 수의 크기를 비교하여 백의 자리에 올 수 있는 수를 구하고,
2 남은 수 중 작은 수부터 차례로 사용하여 가장 작은 세 자리 수를 만들자.

해결해 볼까?

❶ 수 카드의 수의 크기를 비교해 보면?

답 $\boxed{} < \boxed{} < \boxed{} < \boxed{}$

❷ 백의 자리 숫자는?

전략 백의 자리에 0은 올 수 없으므로
두 번째로 작은 수를 놓자.

답 _______

❸ 가장 작은 세 자리 수는?

전략 백의 자리에 사용하고 남은 수들 중 작은 수부터
차례로 십의 자리, 일의 자리에 쓰자.

답 _______

쌍둥이 문제 4-1

4장의 수 카드 중 3장을 한 번씩만 사용하여/
가장 작은 세 자리 수를 만들어 보세요.

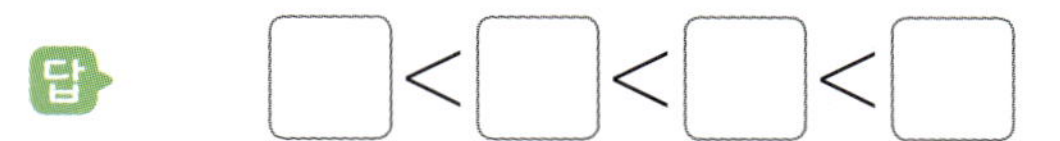
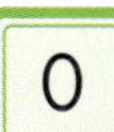

대표 문제 따라 풀기

❶

❷

❸

답 _______

{ 수학 **사고력** 키우기 }

😊 세 자리 수로 나타내기

🅒 연계학습 010쪽

대표 문제 ❺

윤지는 100원짜리 동전 4개, 10원짜리 동전 21개, 1원짜리 동전 12개를 가지고 있습니다. /
윤지가 가지고 있는 돈은 모두 얼마인가요?

😊 구하려는 것은?

윤지가 가지고 있는 돈

🐻 어떻게 풀까?

1 10원짜리 동전 10개는 100원짜리 동전 1개와 같다는 것을 이용하여
2 윤지가 가지고 있는 동전을 간단하게 나타내어 모두 얼마인지 구하자.

😊 해결해 볼까?

❶ 윤지가 가지고 있는 동전을 간단하게 나타내면?

[전략] 100원, 10원, 1원짜리 동전이 각각 몇 개씩인 경우와 같은지 알아보자.

100원짜리 동전 4개	10원짜리 동전 21개	1원짜리 동전 12개
100원짜리 동전 ☐개	10원짜리 동전 ☐개	1원짜리 동전 2개

❷ 윤지가 가지고 있는 돈은 모두 얼마?

답 ______________________

쌍둥이 문제 5-1

색종이가 100장씩 2상자, 10장씩 35묶음, 낱장으로 14장 있습니다. /
색종이는 모두 몇 장인가요?

🐻 대표 문제 따라 풀기

❶

❷

답 ______________________

설명하는 수 구하기

연계학습 011쪽

대표 문제 6 글을 읽고 나는 어떤 수인지 구해 보세요.

> - 나는 세 자리 수입니다.
> - 백의 자리 숫자는 7보다 크고 9보다 작습니다.
> - 십의 자리 숫자는 80을 나타냅니다.
> - 일의 자리 숫자는 9입니다.

구하려는 것은? 나는 어떤 수인지 구하기

어떻게 풀까? 백, 십의 자리 숫자를 각각 구한 후, 세 자리 수로 나타내자.

해결해 볼까?

❶ 백의 자리 숫자는?

전략 7보다 크고 9보다 작은 수를 구하자.

답 _______________

❷ 십의 자리 숫자는?

답 _______________

❸ 나는 어떤 수?

전략 글을 모두 만족하는 세 자리 수를 구하자.

답 _______________

쌍둥이 문제 6-1

글을 읽고 나는 어떤 수인지 구해 보세요.

> - 나는 세 자리 수입니다.
> - 백의 자리 숫자는 3보다 크고 5보다 작습니다.
> - 십의 자리 숫자는 50을 나타냅니다.
> - 일의 자리 숫자는 6입니다.

대표 문제 따라 풀기

❶

❷

❸

답 _______________

{ 수학 독해력 완성하기 }

수를 뛰어서 세는 규칙을 찾아 알맞은 수 구하기

연계학습 007쪽

독해 문제 1

뛰어서 세는 규칙을 찾아／ ㉠에 알맞은 수를 구해 보세요.

| 986 | 976 | 966 | 956 | ㉠ |

구하려는 것은? ㉠에 알맞은 수

주어진 것은? ☐부터 규칙적으로 뛰어서 센 수

어떻게 풀까? 어느 자리 숫자가 몇씩 변하는지 알아보고, 뛰어서 세는 규칙을 찾아 ㉠에 알맞은 수를 구하자.

해결해 볼까?

❶ 어느 자리 숫자가 몇씩 변하는지 알맞은 말에 ○표 하기

(백 , 십 , 일)의 자리 숫자가 1씩 (커진다 , 작아진다).

❷ 규칙을 쓰면?

답 ☐씩 거꾸로 뛰어서 세는 규칙이다.

❸ ㉠에 알맞은 수는?

전략 ❷에서 찾은 규칙으로 956 다음에 올 수를 찾아보자.

답 

세 자 리 수

😊 수 모형을 사용하여 나타낼 수 있는 수 구하기

독해 문제 2

주어진 수 모형 **4**개 중 **3**개를 사용하여 나타낼 수 있는 세 자리 수는/ 모두 몇 가지인가요?

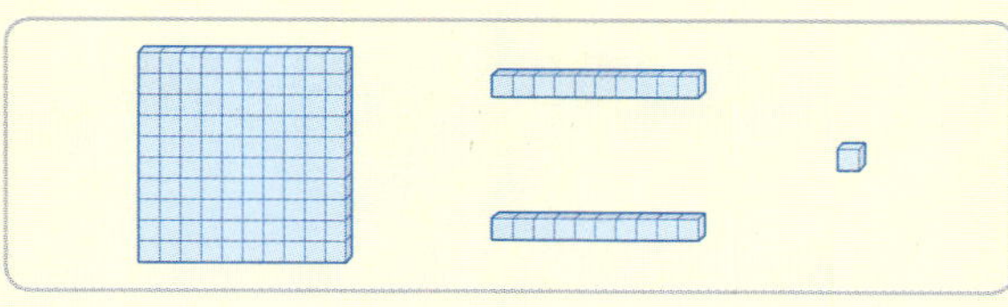

😊 구하려는 것은? 수 모형 **3**개를 사용하여 나타낼 수 있는 세 자리 수

🐻 주어진 것은? 백 모형 **1**개, 십 모형 ⬚개, 일 모형 ⬚개

😊 어떻게 풀까?
1️⃣ 표를 만들어 백 모형, 십 모형, 일 모형의 개수에 따라 나타낼 수 있는 수를 알아보고
2️⃣ 나타낼 수 있는 수 중에서 세 자리 수의 개수를 구하자.

😊 해결해 볼까?

❶ 표의 빈칸을 채워 수 모형 **3**개를 사용하여 나타낼 수 있는 수를 모두 알아보면?

〔전략〕 백 모형이 1개일 때와 0개일 때를 생각해 보자.

백 모형	십 모형	일 모형	나타내는 수
1	2	0	
1	1		
0			

❷ 나타낼 수 있는 세 자리 수를 모두 쓰면?

〔전략〕 ❶에서 찾은 세 수 중에서 세 자리 수를 모두 써 보자.

답 

❸ 나타낼 수 있는 세 자리 수는 모두 몇 가지?

답 

{ 수학 독해력 완성하기 }

보이지 않는 숫자가 있는 수의 크기 비교하기

독해 문제 3

세 자리 수의 일부가 보이지 않습니다. /
가장 큰 수를 찾아 기호를 써 보세요.

㉠ 8●3　　㉡ 95●　　㉢ 90●

구하려는 것은? 가장 큰 수

주어진 것은? 일부가 보이지 않는 세 자리 수

어떻게 풀까? 백의 자리 숫자, 십의 자리 숫자의 크기를 차례로 비교하여 가장 큰 수를 구하자.

해결해 볼까?

❶ 백의 자리 숫자만 비교하였을 때 가장 큰 수가 될 수 있는 수를 모두 찾아 기호를 쓰면?

답 _______________

❷ 위 ❶에서 찾은 수 중에서 십의 자리 숫자를 비교하였을 때 더 큰 수를 찾아 기호를 쓰면?

답 _______________

❸ 가장 큰 수를 찾아 기호를 쓰면?

답 _______________

설명하는 수 구하기

연계학습 017쪽

독해 문제 4

백의 자리 숫자가 3, 일의 자리 숫자가 2인 세 자리 수 중/
380보다 큰 수를 모두 써 보세요.

구하려는 것은? 설명하는 내용을 모두 만족하는 수

주어진 것은? 백의 자리 숫자가 ☐, 일의 자리 숫자가 ☐인 세 자리 수

어떻게 풀까?

① 백의 자리 숫자가 3, 일의 자리 숫자가 2인 세 자리 수를 만들어 보고
② 이 수 중에서 380보다 큰 수를 구하자.

해결해 볼까?

❶ 세 자리 수이므로 ☐칸을 3개 그렸을 때, 백의 자리 숫자가 3, 일의
자리 숫자가 2인 세 자리 수가 되도록 알맞은 자리에 수를 써넣으면?

전략 〉 백의 자리, 일의 자리를 찾아 수를
써넣자.

답 ☐☐☐

❷ 380보다 큰 수를 구할 때 ❶의 빈 자리에 들어갈 수 있는 숫자를
모두 쓰면?

답 ______________

❸ 백의 자리 숫자가 3, 일의 자리 숫자가 2인 세 자리 수 중 380보다
큰 수를 모두 쓰면?

답 ______________

{ 창의·융합·코딩 체험하기 }

[창의 ①~②] 다음과 같은 금고가 있습니다./ 금고의 비밀번호는 세 자리 수이고,/
아래에 있는 쪽지에는 번호를 맞추는 방법이 적혀 있습니다./
물음에 답하세요.

→ 돌려서 번호를 맞추는 눈금판

• 왼쪽 다이얼에서 ▲가 가리키는 숫자는 백의 자리 숫자입니다.
• 가운데 다이얼에서 ▲가 가리키는 숫자는 십의 자리 숫자입니다.
• 오른쪽 다이얼에서 ▲가 가리키는 숫자는 일의 자리 숫자입니다.

창의 ① 아래와 같이 다이얼을 돌려서 금고가 열렸습니다. 비밀번호는 무엇인가요?

답 ___________________

창의 ② 아래와 같이 다이얼을 돌려서 금고가 열렸습니다. 비밀번호는 무엇인가요?

답 ___________________

[창의 3 ~ 4] 하린이가 사는 아파트입니다. / 아파트에 각각 쓰여 있는 호수를 보고 / 물음에 답하세요.

창의 3 하린이가 사는 아파트 호수의 규칙을 찾아보려고 합니다. /
☐ 안에 알맞은 수를 써넣으세요.

[규칙1] 오른쪽으로 한 집씩 옆으로 갈수록 ☐ 씩 뛰어서 세었습니다.

[규칙2] 위쪽으로 한 층씩 올라갈수록 ☐ 씩 뛰어서 세었습니다.

창의 4 하린이네 집은 몇 호인가요?

답 _______________

{ 창의·융합·코딩 **체험**하기 }

창의 5 연아는 세 자리 수의 일부가 보이지 않는 수가 적혀있는 길에서 /
더 큰 수를 따라 이동하려고 합니다. /
끝까지 이동하였을 때 놓여 있는 과일은 무엇인가요?

답 ______________________

[코딩 6 ~ 7] 〔보기〕와 같이 로봇은 블록 명령어에 따라 지나간 칸에 있는 동전을 모두 받아갑니다. / 시작하기 버튼을 클릭했을 때 받게 되는 동전은 모두 얼마인가요?

〔보기〕

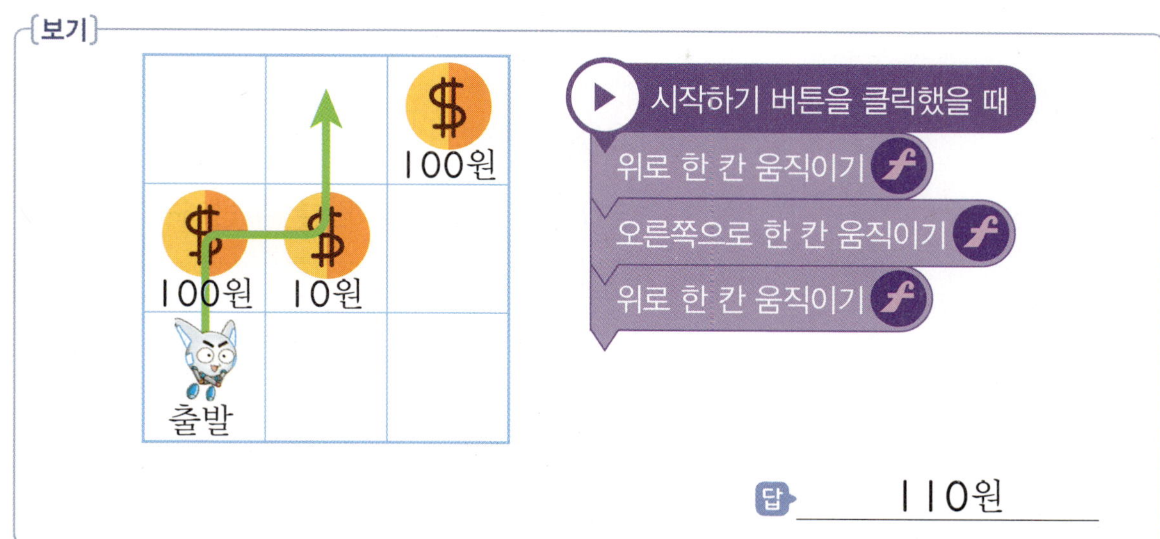

코딩 6

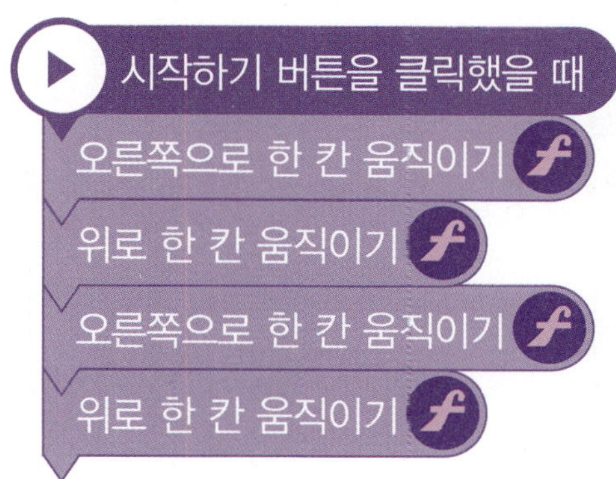

답 ___________

코딩 7

답 ___________

100 알아보기

1 ㉠과 ㉡에 알맞은 수를 각각 구해 보세요.

> ・100은 70보다 ㉠ 만큼 더 큰 수
> ・100은 99보다 ㉡ 만큼 더 큰 수

풀이

답 ㉠: ________________ , ㉡: ________________

세 자리 수

26

세 자리 수 알아보기

2 303에 대한 설명을 바르게 한 것을 찾아 기호를 써 보세요.

> ㉠ 일의 자리 숫자는 3이고 30을 나타냅니다.
> ㉡ 십의 자리 숫자는 3입니다.
> ㉢ 백의 자리 숫자는 3이고 300을 나타냅니다.

풀이

답 ________________

수를 뛰어서 세는 규칙을 찾아 알맞은 수 구하기 007쪽

3 뛰어서 세는 규칙을 찾아 ㉠에 알맞은 수를 구해 보세요.

| 223 | 233 | 243 | | ㉠ |

풀이

답 ________________

4  **나타내는 값 구하기** 012쪽

7이 나타내는 값이 가장 큰 것을 찾아 기호를 써 보세요.

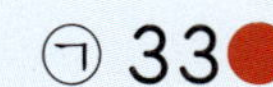

풀이

답 ___________________

5  **보이지 않는 숫자가 있는 수의 크기 비교하기** 020쪽

세 자리 수의 일부가 보이지 않습니다. 더 큰 수의 기호를 써 보세요.

풀이

답 ___________________

6  **수의 크기 비교하기** 014쪽

줄넘기를 윤하는 304번, 유정이는 326번, 은석이는 329번 했습니다. 줄넘기를 가장 적게 한 사람은 누구인가요?

풀이

답 ___________________

{ 실전 마무리 하기 }

세 자리 수로 나타내기 016쪽

7 I00원짜리 동전이 6개, I0원짜리 동전이 I7개, I원짜리 동전이 3개 있습니다. 돈은 모두 얼마인가요?

풀이

답 ___________________

수의 크기 비교하기

8 I부터 9까지의 수 중에서 ☐ 안에 들어갈 수 있는 수를 모두 써 보세요.

풀이

답 ___________________

수 카드로 세 자리 수 만들기 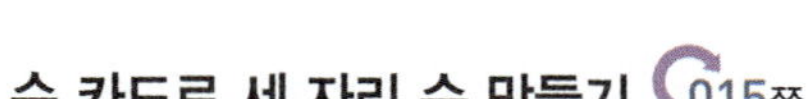 015쪽

9 4장의 수 카드 중 3장을 한 번씩만 사용하여 가장 작은 세 자리 수를 만들어 보세요.

5 4 9 0

 풀이

답 ___________________

설명하는 수 구하기 017쪽

10 글을 읽고 나는 어떤 수인지 구해 보세요.

- 나는 세 자리 수입니다.
- 백의 자리 숫자는 500을 나타냅니다.
- 십의 자리 숫자와 일의 자리 숫자는 같습니다.
- 십의 자리 숫자와 일의 자리 숫자의 합은 6입니다.

 풀이

답 ___________________

2 여러 가지 도형

FUN 한 기억 노트

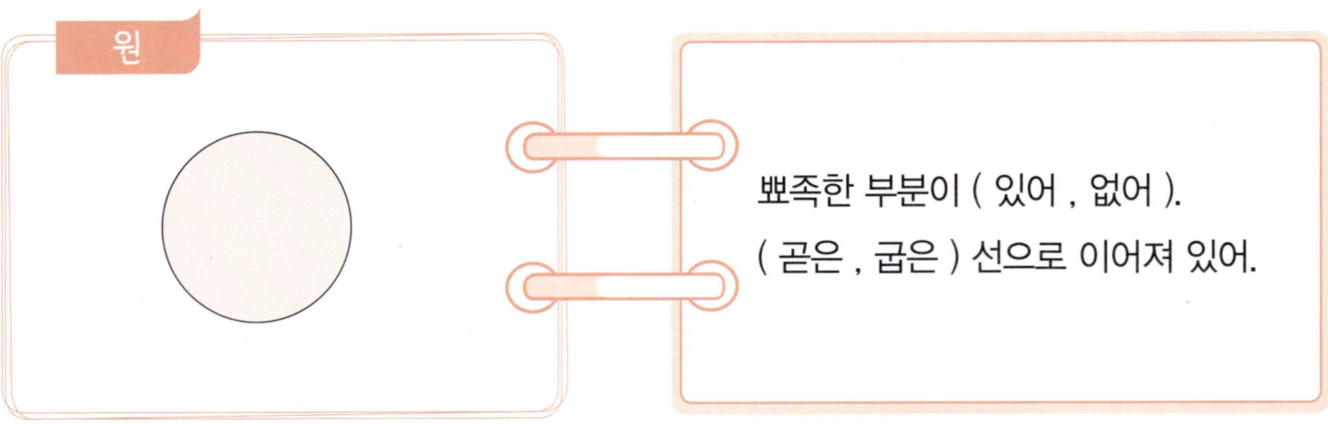
원
뽀족한 부분이 (있어 , 없어).
(곧은 , 굽은) 선으로 이어져 있어.

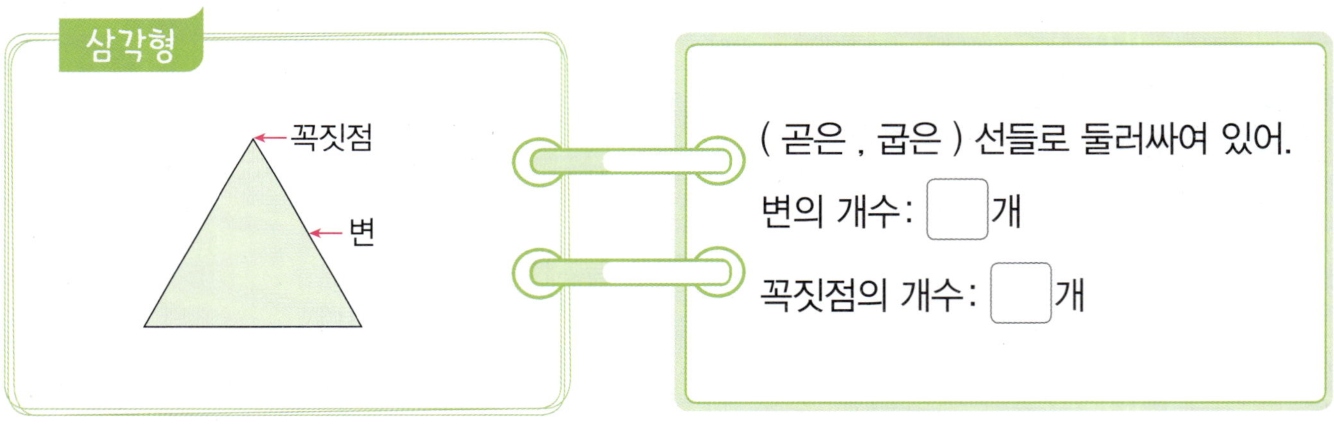
삼각형
꼭짓점
변
(곧은 , 굽은) 선들로 둘러싸여 있어.
변의 개수 : ☐개
꼭짓점의 개수 : ☐개

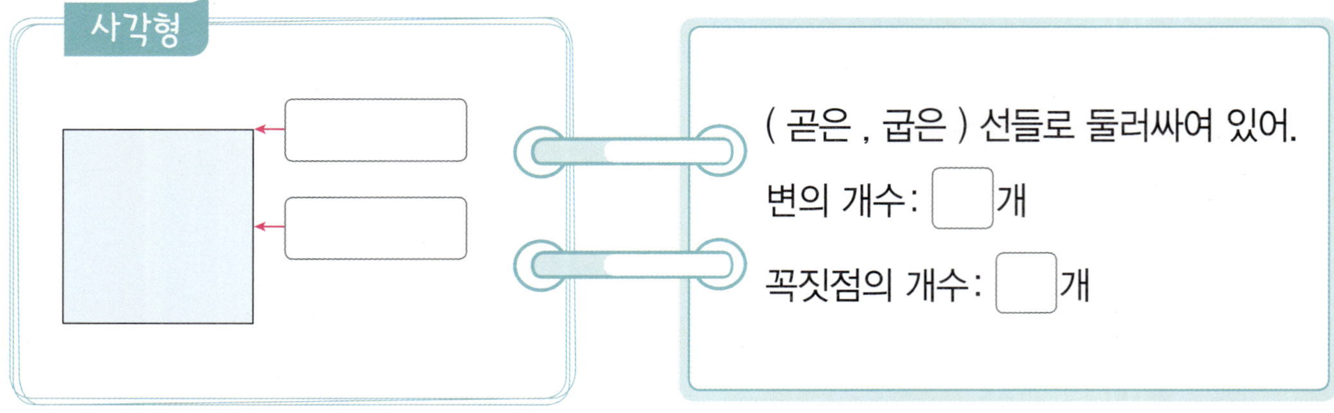
사각형
(곧은 , 굽은) 선들로 둘러싸여 있어.
변의 개수 : ☐개
꼭짓점의 개수 : ☐개

쓸 줄 알아야 **진짜 실력!**

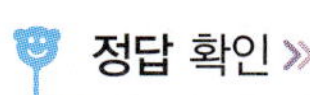

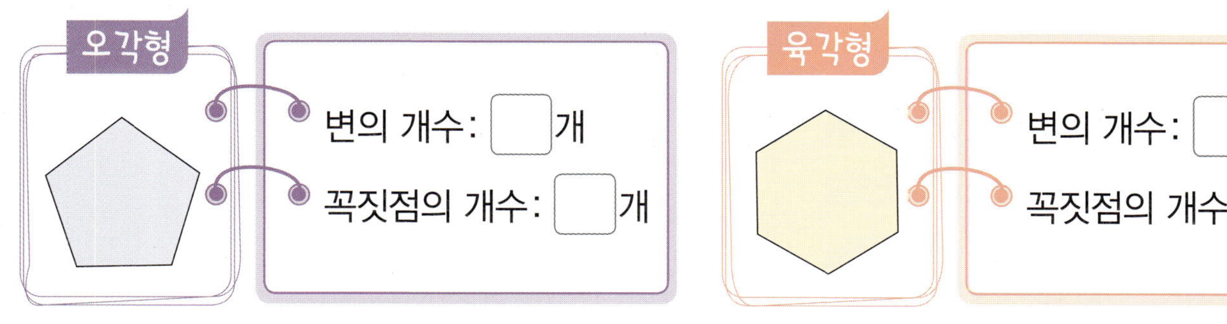

■각형의 특징을 정리해 보자.

- 곧은 선들로 둘러싸여 있어.
- 변이 ■개이고, 꼭짓점도 ■개야.

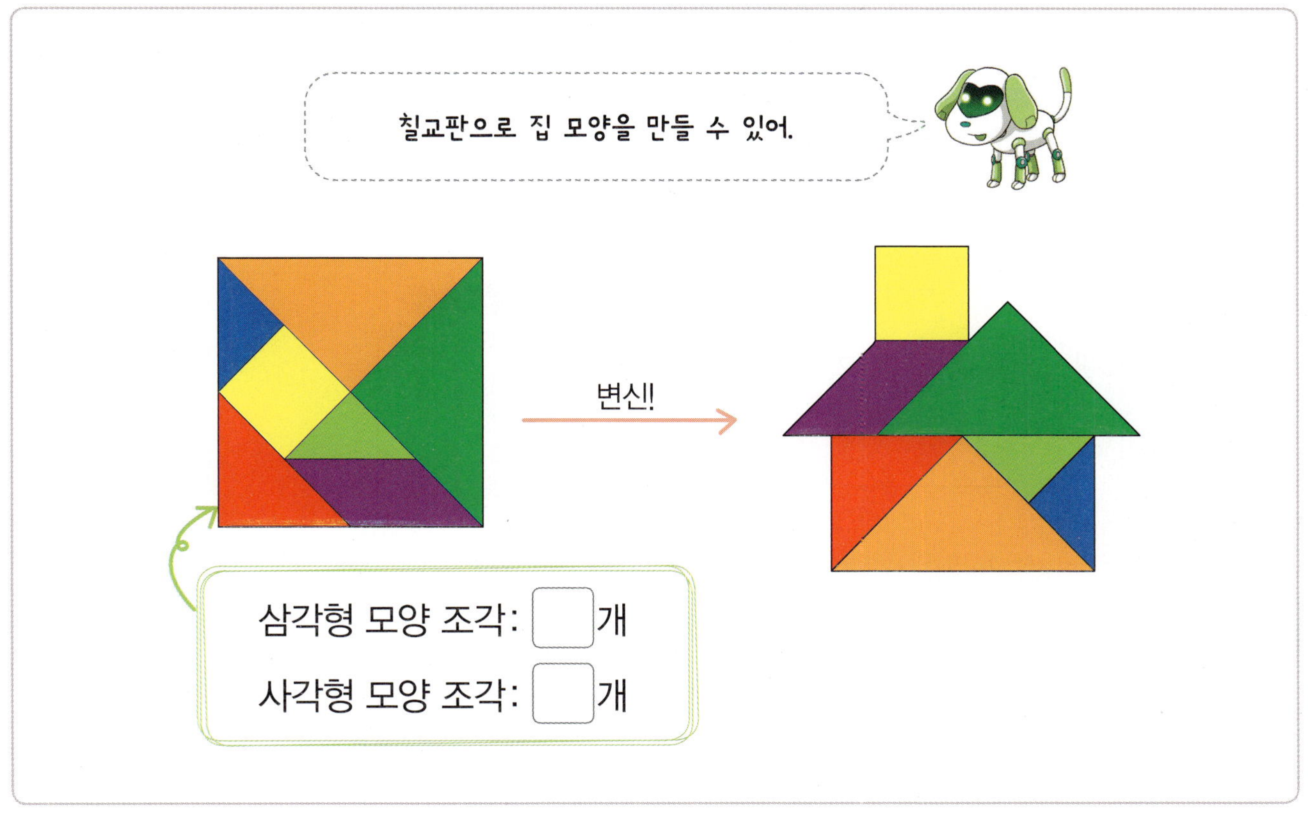

문제 해결력 기르기

❶ 잘랐을 때 생기는 도형의 개수 구하기

· 점선을 따라 잘랐을 때 생기는 도형과 개수 알아보기

변이 **4**개 ➜ **사**각형

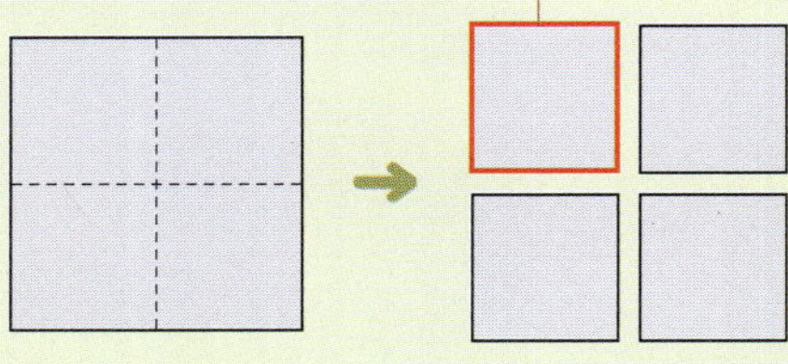

➜ 도형의 이름: 사각형, 개수: **4**개

종이를 점선을 따라 자르면 어떤 도형이 생기는지 알아보세요.

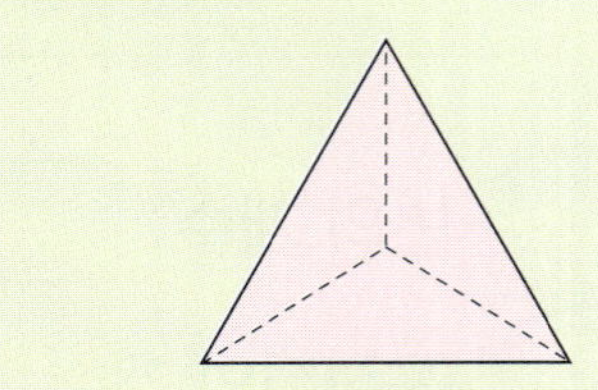

풀이

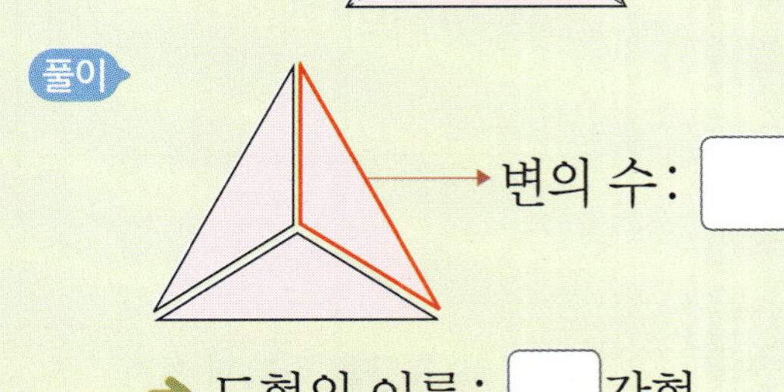

➜ 도형의 이름: ☐각형

종이를 점선을 따라 자르면/ 어떤 도형이 몇 개 생기는지 차례로 써 보세요.

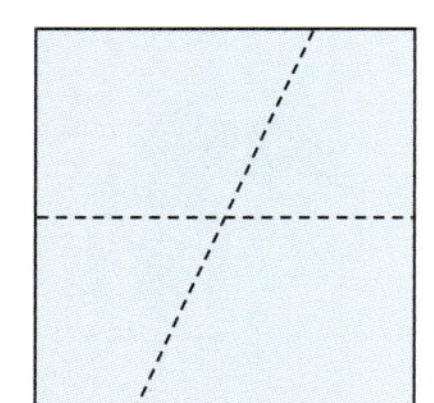

전략 잘랐을 때 생기는 도형의 변의 수를 세어 보자.

❶ 잘랐을 때 생기는 도형의 변의 수: ☐

➜ 도형의 이름: ☐

전략 ❶에서 찾은 도형은 몇 개인지 세어 보자.

❷ 도형의 개수: ☐개

답 ____________, ____________

종이를 점선을 따라 자르면/ 어떤 도형이 몇 개 생기는지 차례로 써 보세요.

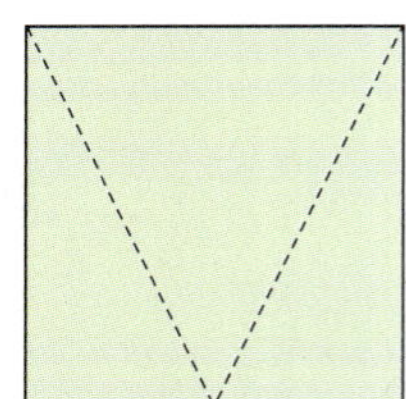

실행 문제 따라 풀기

❶

❷

답 ____________, ____________

② 도형의 변과 꼭짓점의 수 활용하기

• ■각형의 특징

도형	변의 수 (곧은 선)	꼭짓점의 수 (두 곧은 선이 만나는 점)
삼각형 △	3	3
사각형 □	4	4
오각형 ⬠	5	5
육각형 ⬡	6	6

다음을 구해 보세요.

(1) 삼각형의 꼭짓점의 수

풀이 삼각형
→ 꼭짓점의 수: □

(2) 오각형의 변의 수

풀이 오각형
→ 변의 수: □

실행 문제 ②

㉠과 ㉡ 중에서 수가 더 큰 것의/
기호를 써 보세요.

> ㉠ 사각형의 변의 수
> ㉡ 육각형의 꼭짓점의 수

전략 도형의 이름을 살펴보자.

❶ ㉠ 사각형의 변의 수: □

㉡ 육각형의 꼭짓점의 수: □

전략 수의 크기를 비교해 보자.

❷ 수가 더 큰 것의 기호: □

답 ______________

쌍둥이 문제 2-1

㉠과 ㉡ 중에서 수가 더 큰 것의/
기호를 써 보세요.

> ㉠ 사각형의 꼭짓점의 수
> ㉡ 삼각형의 변의 수

실행 문제 따라 풀기

❶

❷

답 ______________

{ 문제 **해결력** 기르기 }

③ 설명에 맞게 쌓기나무로 쌓은 모양 찾기

선행 문제 해결 전략

• 쌓기나무 몇 개로 만든 모양인지 구하기

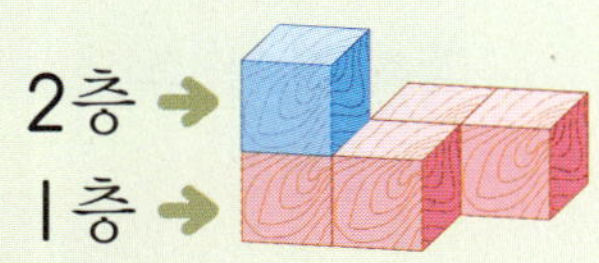

2층 ➡
1층 ➡

① **1층**에 쌓은 쌓기나무의 개수: **4**개
② **2층**에 쌓은 쌓기나무의 개수: **1**개
➡ **4+1=5(개)**

선행 문제 ③

쌓기나무 몇 개를 쌓아 만든 모양인지 구해 보세요.

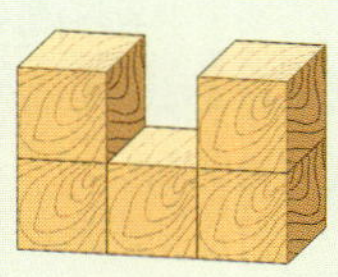

풀이 ▷ 1층에 쌓은 쌓기나무의 개수: ☐ 개

2층에 쌓은 쌓기나무의 개수: ☐ 개

➡ ☐ + ☐ = ☐ (개)

실행 문제 ③

쌓기나무를 더 많이 사용하여 만든 모양을 찾아/ 기호를 써 보세요.

㉠ 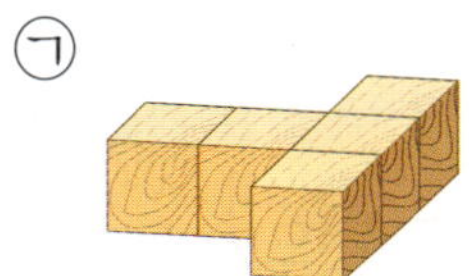   ㉡ 

❶ ㉠에서 사용한 쌓기나무의 개수:

☐ 개

전략 ▷ ㉡은 2층으로 쌓았으므로 1층과 2층에서 사용한 쌓기나무를 각각 구하여 더하자.

❷ ㉡에서 사용한 쌓기나무의 개수:

☐ + ☐ = ☐ (개)

2층에 쌓은 쌓기나무의 개수
1층에 쌓은 쌓기나무의 개수

❸ 쌓기나무를 더 많이 사용하여 만든 모양:

☐

답 ___________

쌍둥이 문제 3-1

쌓기나무를 더 많이 사용하여 만든 모양을 찾아/ 기호를 써 보세요.

㉠ 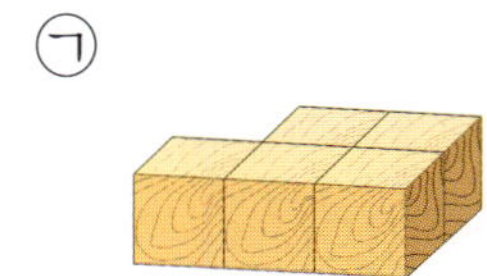   ㉡ 

실행 문제 따라 풀기

❶

❷

❸

답 ___________

④ 사용한 도형의 개수 구하기

• 칠교판 조각 중 삼각형과 사각형을 각각 몇 개 사용하였는지 구하기

┌ 삼각형의 개수: 3개
└ 사각형의 개수: 1개

칠교판 조각을 사용하여 만든 모양입니다. 물음에 답해 보세요.

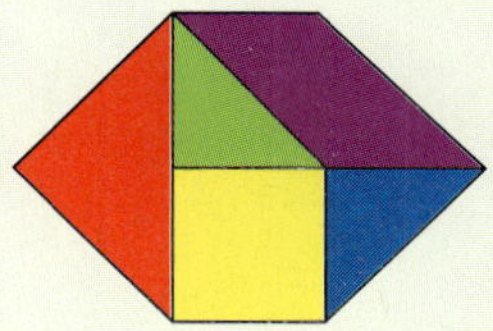

(1) 삼각형을 찾아 △표 하고, 개수를 세어 보세요.

(   )

(2) 사각형을 찾아 □표 하고, 개수를 세어 보세요.

(   )

칠교판 조각을 사용하여 만든 모양입니다. / 삼각형은 사각형보다 몇 개 더 많이 사용했나요?

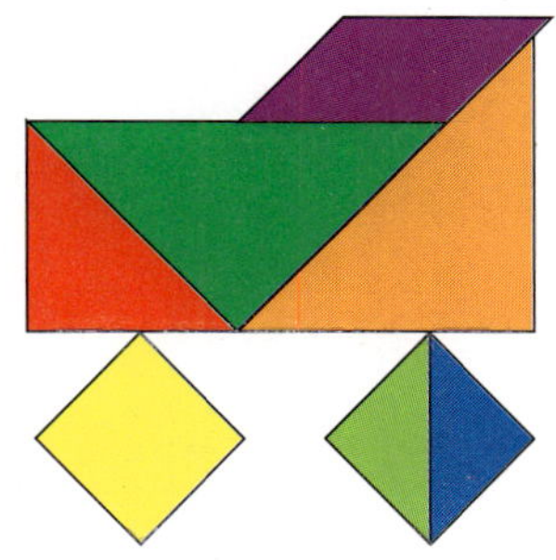

전략 ▷ 삼각형을 찾아 표시해 보고, 개수를 세어 보자.

❶ 삼각형의 개수: ☐ 개

전략 ▷ 사각형을 찾아 표시해 보고, 개수를 세어 보자.

❷ 사각형의 개수: ☐ 개

전략 ▷ 삼각형의 개수에서 사각형의 개수를 빼어 구하자.

❸ 삼각형은 사각형보다 몇 개 더 많이 사용했는지 구하기: ☐ − ☐ = ☐ (개)

답 _______________

{ 수학 **사고력** 키우기 }

잘랐을 때 생기는 도형의 개수 구하기

연계학습 032쪽

대표 문제 ❶

종이에 두 점을 찍었습니다. / 찍은 점을 이어 선을 그은 다음 /
선을 따라 자르면 / 어떤 도형이 몇 개 생기는지 구해 보세요.

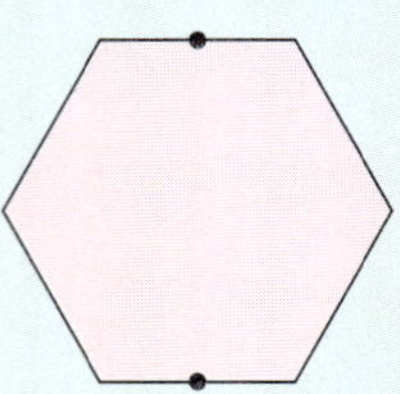

구하려는 것은?
잘랐을 때 생기는 도형과 그 개수

어떻게 풀까?
1 두 점을 이어 선을 긋고, 선을 따라 잘랐을 때
2 생기는 도형의 이름과 개수를 구하자.

해결해 볼까?

❶ 종이에 찍은 두 점을 이어 선을 그어 보면?

전략 ▷ 곧은 선으로 두 점을 이어 보자.

❷ 위 ❶에서 그은 선을 따라 자르면 어떤 도형이 몇 개?

답 ____________, ____________

쌍둥이 문제 1-1

종이에 세 점을 찍었습니다. / 찍은 점을 이어 삼각형을 그린 다음 /
삼각형의 변을 따라 자르면 / 어떤 도형이 몇 개 생기는지 구해 보세요.

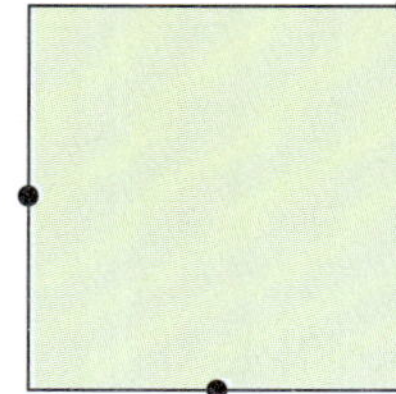

대표 문제 따라 풀기

❶

❷

답 ____________, ____________

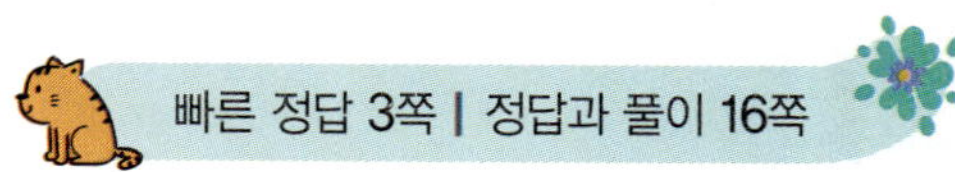

도형의 변과 꼭짓점의 수 활용하기

연계학습 033쪽

대표 문제 2 ㉠과 ㉡의 합을 구해 보세요.

> ㉠ 오각형의 변의 수
> ㉡ 삼각형의 꼭짓점의 수

구하려는 것은? ㉠과 ㉡의 합

주어진 것은?

- [　　　]의 변의 수
- [　　　]의 꼭짓점의 수

해결해 볼까?

❶ ㉠과 ㉡의 값은?

답 ㉠ : _______________ , ㉡ : _______________

❷ ㉠과 ㉡의 합은?

답 _______________

쌍둥이 문제 2-1

㉠과 ㉡의 차를 구해 보세요.

> ㉠ 육각형의 변의 수
> ㉡ 사각형의 꼭짓점의 수

대표 문제 따라 풀기

❶

❷

답 _______________

{ 수학 **사고력** 키우기 }

😊 설명에 맞게 쌓기나무로 쌓은 모양 찾기

ⓒ 연계학습 034쪽

대표 문제 ③ 설명에 맞게 쌓은 모양을 찾아／ 기호를 써 보세요.

> • 2층으로 쌓았습니다.
> • 1층에 **3**개가 있습니다.

가　　　　　나　　　　　다
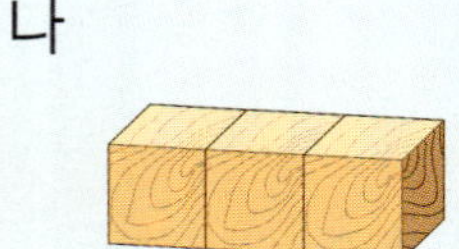
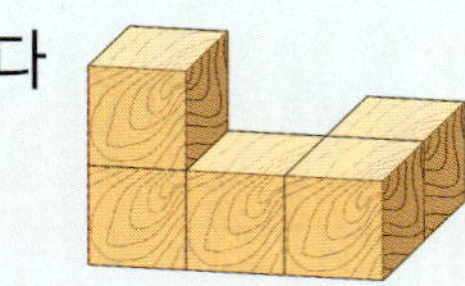

😊 **구하려는 것은?** 쌓기나무를 설명에 맞게 쌓은 것 찾기

😊 **해결해 볼까?**

❶ 2층으로 쌓은 모양을 모두 찾아 기호를 쓰면?

답 ______________________

❷ 설명에 맞게 쌓은 모양을 찾아 기호를 쓰면?

전략 ❶에서 찾은 모양 중에서 1층에 3개를
쌓은 것을 찾자.

답 ______________________

쌍둥이 문제 3-1

설명에 맞게 쌓은 모양을 찾아／ 기호를 써 보세요.

> • 1층에 **5**개가 있습니다.
> • 2층으로 쌓았습니다.

가　　　　　나　　　　　다

😊 **대표 문제 따라 풀기**

❶

❷

답 ______________________

🐻 사용한 도형의 개수 구하기

연계학습 035쪽

대표 문제 4

여러 가지 도형을 이용하여 만든 모양입니다. /
가장 많이 사용한 도형의 이름을 써 보세요.

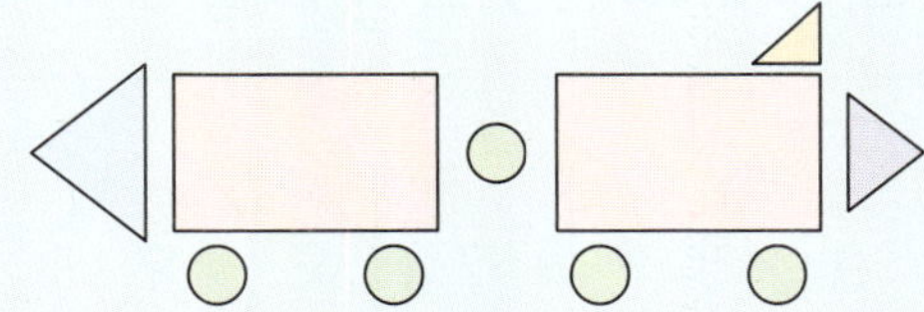

구하려는 것은?

가장 많이 사용한 도형

어떻게 풀까?

1 같은 모양끼리 표시하면서 각 모양의 개수를 센 다음
2 가장 많이 사용한 모양을 찾아보자.

해결해 볼까?

❶ 사용한 도형의 개수는?

답 삼각형 : ____________, 사각형 : ____________, 원 : ____________

❷ 가장 많이 사용한 도형의 이름은?

답 ____________

쌍둥이 문제 4-1

여러 가지 도형을 이용하여 만든 모양입니다. /
가장 적게 사용한 도형의 이름을 써 보세요.

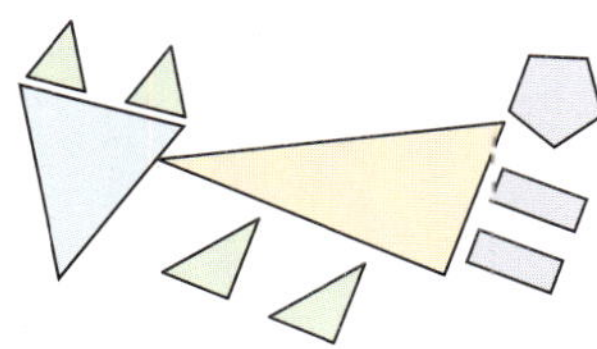

🐻 대표 문제 따라 풀기

❶

❷

답 ____________

{ 수학 독해력 완성하기 }

도형을 찾아 도형 안에 있는 수의 합 구하기

독해 문제 1

원을 찾아 / 원 안에 있는 수들의 합을 구해 보세요.

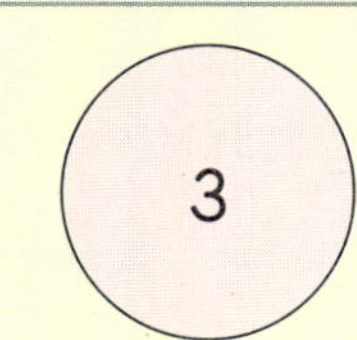 3  7  9 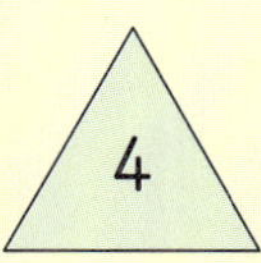 4 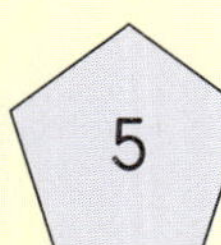 5

해결해 볼까?

❶ 원 안에 있는 수를 모두 쓰면?

〔전략〕 동그란 모양의 도형을 모두 찾아보자.

답 ____________________

❷ 위 ❶에서 찾은 수들의 합은?

답 ____________________

쌀기나무의 개수 구하기

독해 문제 2

쌀기나무가 10개 있었습니다. / 윤재가 만든 모양이 아래와 같을 때 / 사용하고 남은 쌀기나무는 몇 개인가요?

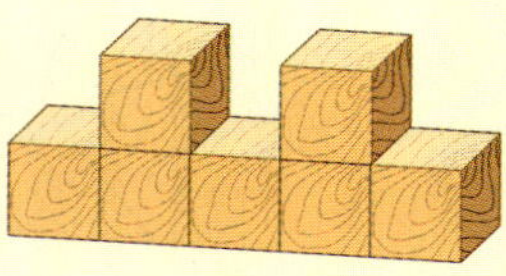

해결해 볼까?

❶ 사용한 쌀기나무의 개수는?

답 ____________________

❷ 사용하고 남은 쌀기나무의 개수는?

〔전략〕 (처음에 있던 쌀기나무의 개수)―(사용한 쌀기나무의 개수)

답 ____________________

도형의 특징 알기

독해 문제 3

삼각형과 사각형의 공통점을 찾아 / 기호를 써 보세요.

> ㉠ 꼭짓점이 **3**개 있습니다.
> ㉡ 곧은 선들로 둘러싸여 있습니다.
> ㉢ 변이 **4**개 있습니다.

해결해 볼까?

❶ 삼각형의 특징을 모두 찾아 기호를 쓰면?

답 ___________________

❷ 사각형의 특징을 모두 찾아 기호를 쓰면?

답 ___________________

❸ 삼각형과 사각형의 공통점을 찾아 기호를 쓰면?

전략 ❶과 ❷에서 공통으로 답한 것을 찾아보자.

답 ___________________

설명에 맞게 쌓기나무로 쌓은 모양 찾기

○ 연계학습 034쪽

독해 문제 4

쌓기나무를 가장 많이 사용하여 만든 모양을 찾아 / 기호를 써 보세요.

㉠ 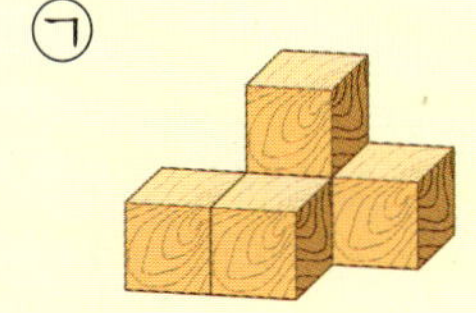 ㉡ 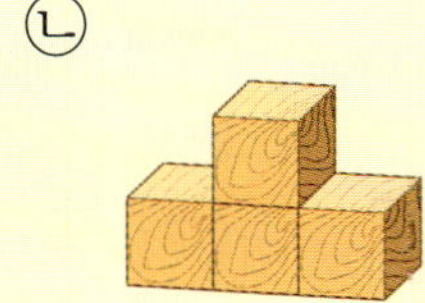 ㉢ 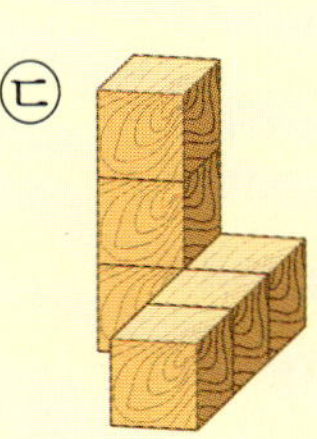

해결해 볼까?

❶ 사용한 쌓기나무의 개수는?

전략 층별로 개수를 세어 더하여 사용한 쌓기나무의 개수를 각각 구하자.

답 ㉠: ___________ , ㉡: ___________ , ㉢: ___________

❷ 쌓기나무를 가장 많이 사용하여 만든 모양을 찾아 기호를 쓰면?

답 ___________________

{ 수학 독해력 완성하기 }

크고 작은 도형의 개수 구하기

독해 문제 5

그림에서 찾을 수 있는 크고 작은 사각형은 / 모두 몇 개인가요?

구하려는 것은? 그림에서 찾을 수 있는 크고 작은 사각형의 개수

어떻게 풀까?
1 가장 작은 사각형의 개수와
2 가장 작은 사각형을 2개, 3개 붙여서 만들 수 있는 사각형의 개수를 세어 더하자.

해결해 볼까?

❶ 가장 작은 사각형은 몇 개?

답 

❷ 가장 작은 사각형을 2개 붙여서 만들 수 있는 사각형은 몇 개?

답 

❸ 가장 작은 사각형을 3개 붙여서 만들 수 있는 사각형은 몇 개?

답 

❹ 크고 작은 사각형은 모두 몇 개?
전략 ❶, ❷, ❸에서 구한 사각형의 수를 모두 더하자.

답 

도형의 변과 꼭짓점의 수 활용하기

연계학습 037쪽

독해 문제 6

규칙을 찾아 / 유찬이가 말해야 하는 수를 구해 보세요.

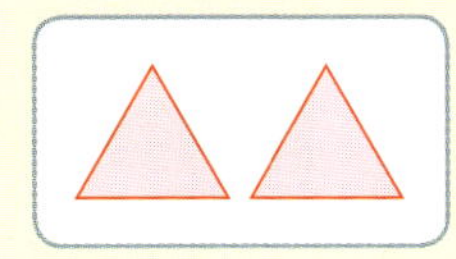
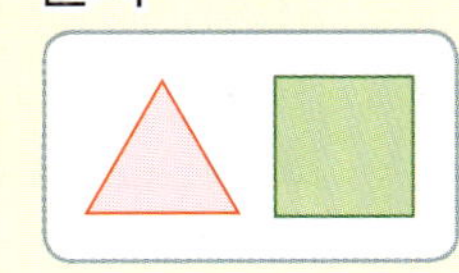
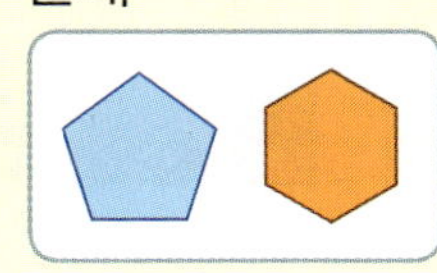
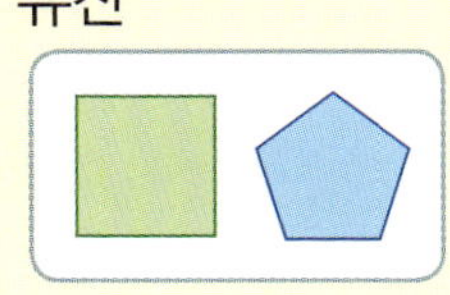

구하려는 것은? 유찬이가 말해야 하는 수

주어진 것은?
- 다영이가 그린 도형과 말한 수: ☐
- 은서가 그린 도형과 말한 수: ☐
- 민재가 그린 도형과 말한 수: ☐
- 유찬이가 그린 도형

어떻게 풀까? 도형의 변의 수를 이용하여 규칙을 찾고, 유찬이가 말해야 하는 수를 구하자.

해결해 볼까?

❶ 다영, 은서, 민재가 각각 그린 두 도형의 변의 수의 합을 구하면?

다영: $3+$ ☐ $=$ ☐

은서: ☐ $+$ ☐ $=$ ☐

민재: ☐ $+$ ☐ $=$ ☐

❷ 다영, 은서, 민재가 말하는 규칙으로 알맞은 말에 ◯표 하기

전략 ❶에서 구한 합과 문제에서 세 사람이 말한 수를 비교하자.

두 도형의 변의 수의 (차 , 합)을 말하는 규칙이다.

❸ 유찬이가 말해야 하는 수는?

 답 ________________

{ 창의·융합·코딩 체험하기 }

[창의 ① ~ ②] 은우네 초등학교 복도에는 세계 여러 나라 국기가 전시되어 있습니다./
은우와 아린이의 말을 읽고,/ 가고 싶은 나라를 찾아 써 보세요.

창의 ①

답 ________________

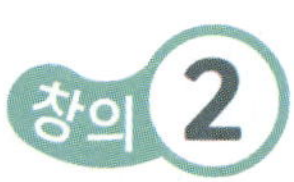
창의 ②

답 ________________

[창의 ③ ~ ④] 칠교판을 보고 물음에 답해 보세요.

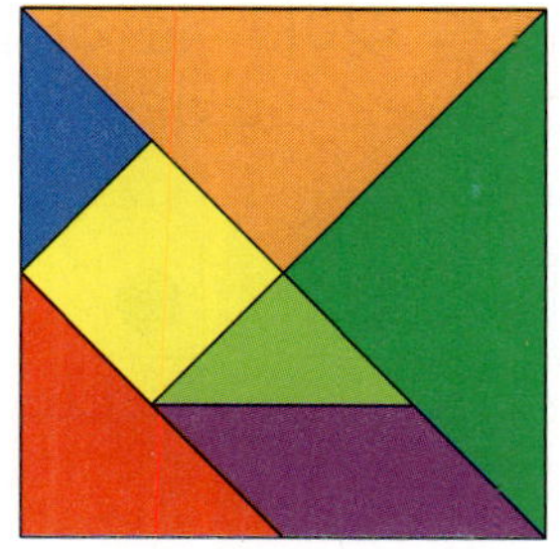

창의 3 칠교판 조각을 모두 사용하여 만든 모양이 <u>아닌</u> 것을 찾아 ✕표 하세요.

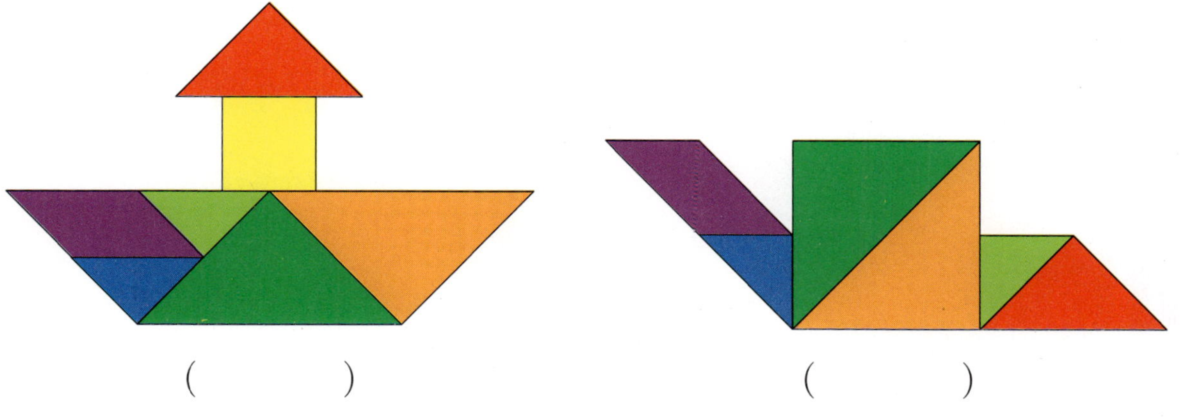

(   )   (   )

창의 4 칠교판 조각을 모두 사용하여 / 강아지 모양을 완성해 보세요.

{ 창의·융합·코딩 체험하기 }

창의 5 도형 무늬가 그려진 티셔츠를 규칙에 따라 늘어놓고 있습니다.
빈칸에 알맞은 티셔츠를 찾아 ◯표 하세요.

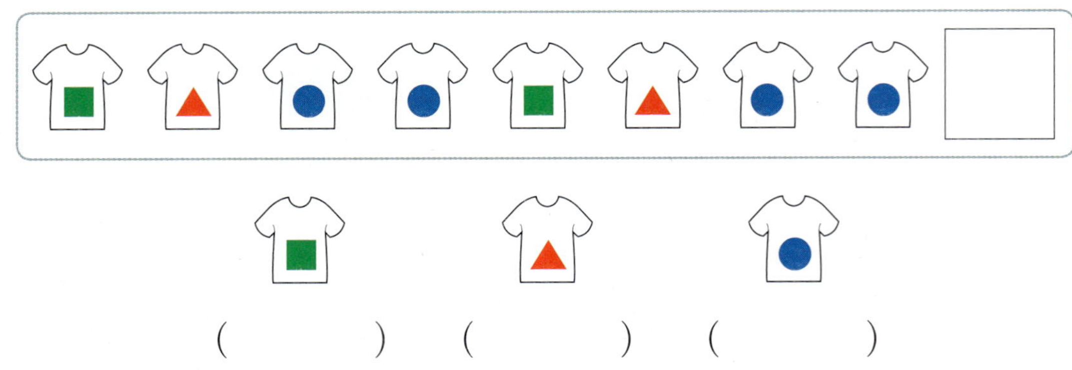

(   )   (   )   (   )

코딩 6 다음 그림에서 위, 아래, 오른쪽, 왼쪽에 모두 삼각형이 있는 칸 안에는 사각형을 그리고,
그렇지 않은 칸은 원을 그리려고 합니다.
빈칸에 알맞은 도형을 그려 보세요.

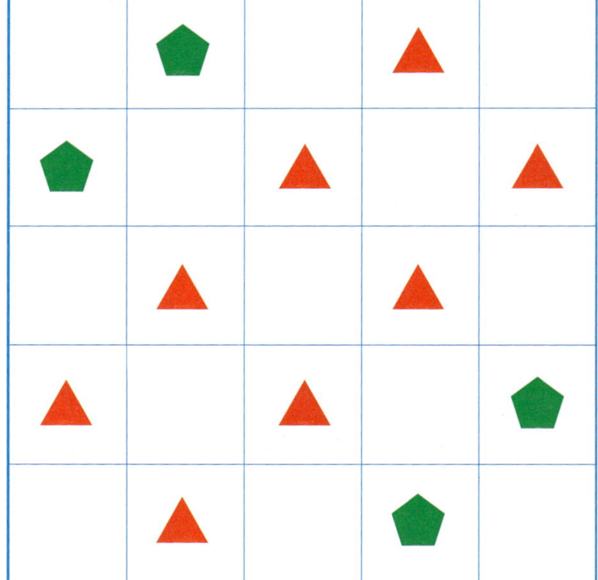

 코딩 **7**

로봇은 [보기]와 같이 명령을 따라 움직입니다.
오각형 모양 조각이 놓여 있는 길을 모두 가려고
할 때 빈칸에 알맞은 명령을 써 보세요.

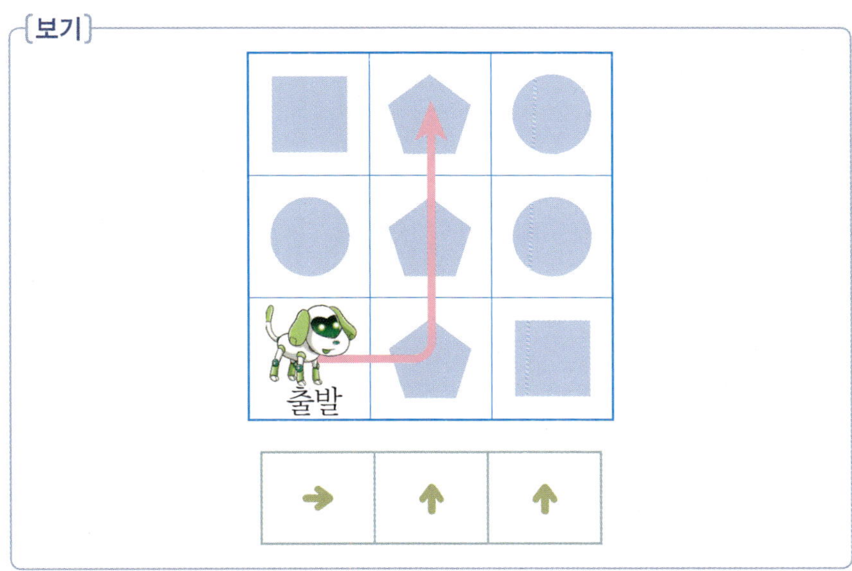

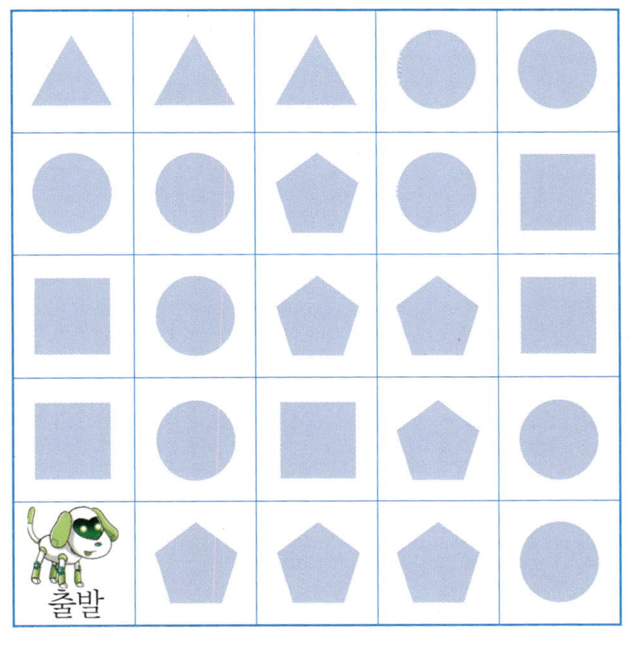

2

여러 가지 도형

47

{ 실전 마무리 하기 }

도형의 변과 꼭짓점의 수 활용하기 ⟳033쪽

1 다음 도형의 변과 꼭짓점은 각각 몇 개인가요?

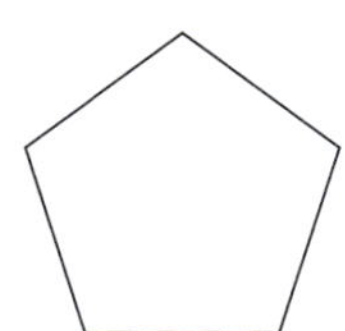

풀이

답 변: ________________, 꼭짓점: ________________

쌓기나무 몇 개로 만든 모양인지 구하기

2 똑같은 모양으로 쌓으려면 쌓기나무가 몇 개 필요한가요?

풀이

답 ________________

도형의 특징 알기 ⟳041쪽

3 원에 대한 설명으로 <u>틀린</u> 것을 찾아 기호를 써 보세요.

> ㉠ 원은 동그란 모양입니다.
> ㉡ 원은 뾰족한 부분이 없습니다.
> ㉢ 원은 곧은 선으로 이어져 있습니다.

풀이

답 ________________

잘랐을 때 생기는 도형의 개수 구하기 ⟲032쪽

4 종이를 점선을 따라 자르면 어떤 도형이 몇 개 생기는지 차례로 써 보세요.

풀이

답 ________________, ________________

도형을 찾아 도형 안에 있는 수의 합 구하기 ⟲040쪽

5 사각형을 찾아 사각형 안에 있는 수들의 합을 구해 보세요.

풀이

답 ________________

도형의 변과 꼭짓점의 수 활용하기 ⟲037쪽

6 ㉠과 ㉡의 차를 구해 보세요.

> ㉠ 오각형의 꼭짓점의 수
> ㉡ 사각형의 변의 수

풀이

답 ________________

{ 실전 **마무리** 하기 }

사용한 도형의 개수 구하기 ↻039쪽

7 여러 가지 도형을 이용하여 만든 모양입니다. 가장 적게 사용한 도형의 이름을 써 보세요.

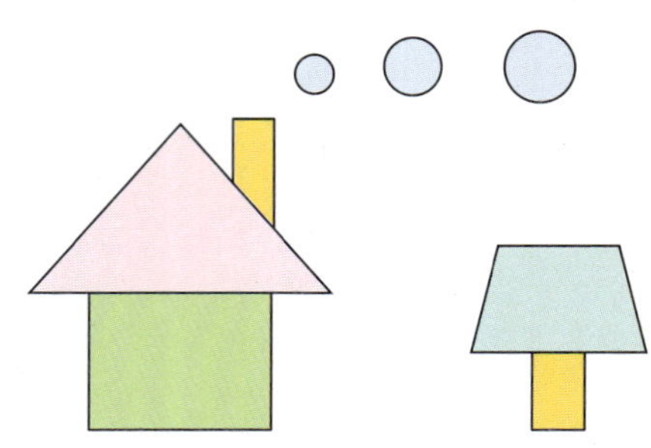

풀이

답 ________________

설명에 맞게 쌓기나무로 쌓은 모양 찾기 ↻038쪽

8 설명에 맞게 쌓은 모양을 찾아 기호를 써 보세요.

- 1층에 **4**개가 있습니다.
- 쌓기나무 **6**개로 만들었습니다.

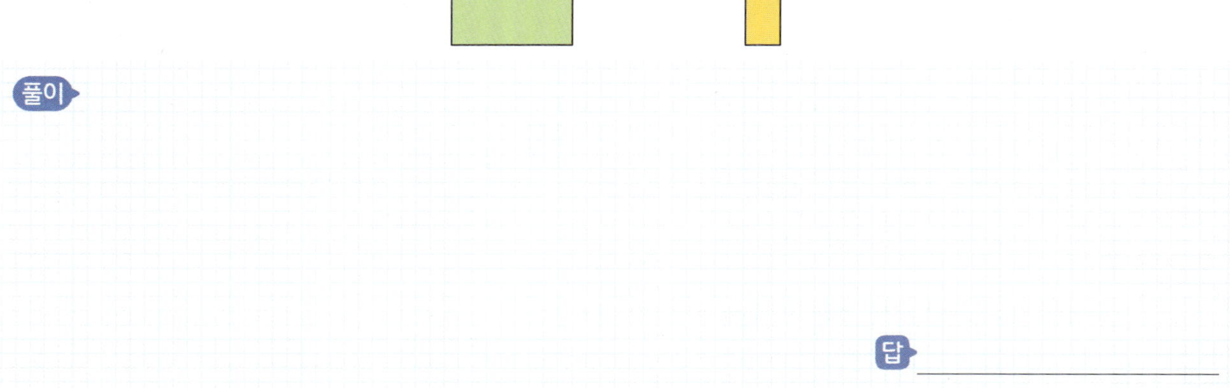

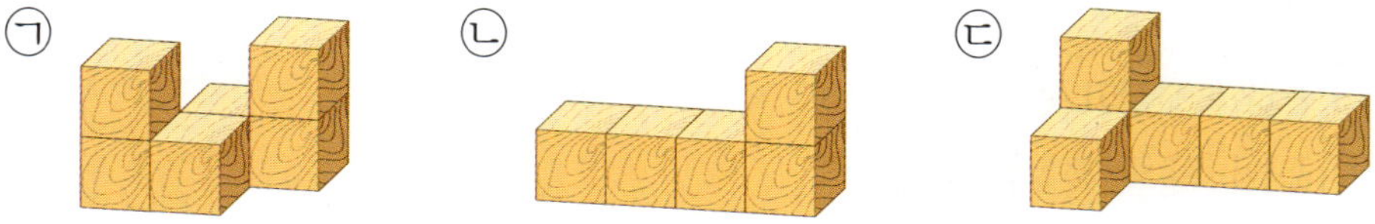

풀이

답 ________________

크고 작은 도형의 개수 구하기 042쪽

9 그림에서 찾을 수 있는 크고 작은 삼각형은 모두 몇 개인가요?

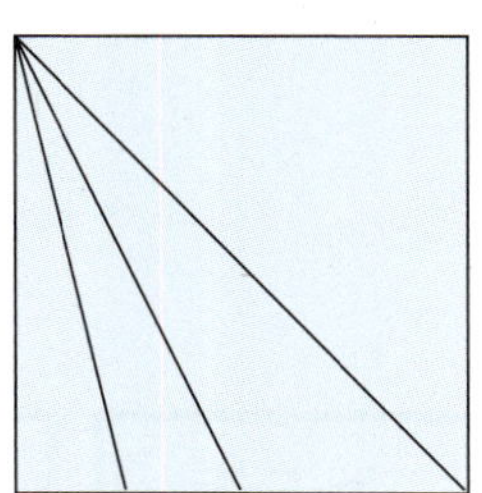

풀이

답 ______________________

도형의 변과 꼭짓점의 수 활용하기 043쪽

10 규칙을 찾아 빈칸에 알맞은 수를 구해 보세요.

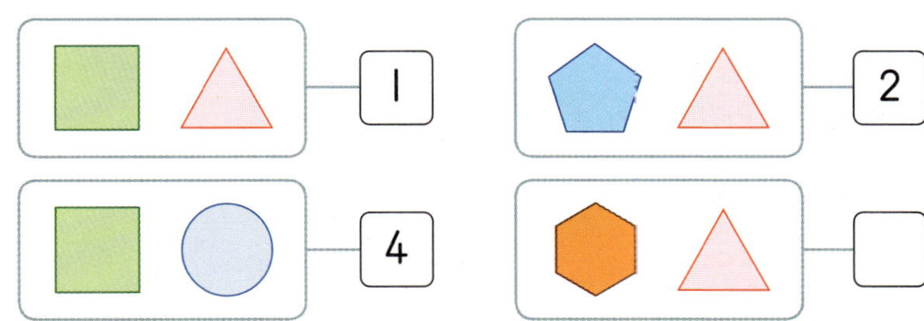

풀이

답 ______________________

한 이야기

심부름 로봇이 달걀을 사서 집으로 가는 도중 넘어져/
달걀 3개가 깨지고/ 27개가 남았어요./
심부름 로봇이 산 달걀은 몇 개였나요?

식 ______________________________   답 ______________ 개

{ 문제 해결력 기르기 }

① ~보다 더 많은(적은) 수 구하기

선행 문제 해결 전략

• 덧셈식, 뺄셈식으로 나타내는 표현 알아보기

- ~보다 ■만큼 더 **큰** 수
- ~보다 더 **많은**
- 두 수의 **합**

→ **+**

- ~보다 ■만큼 더 **작은** 수
- ~보다 더 **적은**
- 두 수의 **차**

→ **−**

선행 문제 ①

문장에 알맞은 식을 만들어 구하세요.

(1) | 17개보다 24개 더 많은 수 |

풀이 '더 많은'이므로 덧셈식을 만든다.

→ 17 ◯ 24 = ☐ (개)

(2) | 51개보다 12개 더 적은 수 |

풀이 '더 적은'이므로 뺄셈식을 만든다.

→ 51 ◯ 12 = ☐ (개)

실행 문제 ①

아버지의 나이는 47살입니다. /
고모가 아버지보다 5살 더 많다면 /
고모의 나이는 몇 살인가요?

전략 '~보다 더 많다'에 알맞은 식을 정하자.

❶ 고모가 아버지보다 나이가 더 많으므로
   (덧셈식 , 뺄셈식)을 만들어야 한다.

전략 (아버지의 나이)+5

❷ (고모의 나이) = ☐ + 5

     = ☐ (살)

답 _________________

쌍둥이 문제 1-1

사탕이 32개 있습니다. /
초콜릿은 사탕보다 7개 더 적다면 /
초콜릿은 몇 개 있나요?

실행 문제 따라 풀기

❶

❷

답 _________________

② 세 수의 계산하기

선행 문제 해결 전략

· **먼저 계산해야 할 두 수**를 찾아 식을 만들고 이어서 **나머지 수**로 식을 완성하기

(예) **연필 44자루** 중 **18자루를 나눠 주고** **29자루를 더 사 왔습니다.** 남은 연필의 수는?

→ $44-18+29=26+29$
       ①   ②
$=55$(자루)

(예) **알사탕 55개와 왕사탕 37개가 있었는데** 오늘 **26개가 팔렸습니다.** 남은 사탕의 수는?

→ $55+37-26=92-26$
       ①   ②
$=66$(개)

선행 문제 ②

문장에 알맞은 하나의 식을 만들어 보세요.

(1) 색종이 30장 중 12장을 사용하고,
①
17장을 더 사 왔습니다.
②

식 $30 \bigcirc 12 \bigcirc 17$
        ①   ②

(2) 21명이 타고 있던 버스에 8명이 타고,
①
12명이 내렸습니다.
②

식 $21 \bigcirc 8 \bigcirc 12$
        ①   ②

실행 문제 ②

화단에 꽃이 92송이 피어 있었습니다. / 이 중에서 어제 13송이가 시들어 떨어지고, / 오늘 27송이가 새로 피었습니다. / 지금 화단에 피어 있는 꽃은 몇 송이인가요?

전략 (화단에 피어 있던 꽃의 수)−(어제 시들어 떨어진 꽃의 수)+(오늘 새로 핀 꽃의 수)

❶ 지금 화단에 피어 있는 꽃의 수를 구하는 식: $92 - \boxed{} + 27$

전략 ❶의 식을 계산하자.

❷ $92 - \boxed{} + 27 = \boxed{} + 27$

$= \boxed{}$ (송이)

답 ___________

③ 처음 수 구하기

선행 문제 해결 전략

• **덧셈과 뺄셈의 관계**를 이용해 **처음 수** 구하기

(처음 수) $-$ 1 $=2$

-1이 $+1$로!

(처음 수)$=2$ $+$ 1

(처음 수) $+$ 1 $=3$

$+1$이 -1로!

(처음 수)$=3$ $-$ 1

선행 문제 ③

문장에 알맞게 ○ 안에 $+$ 또는 $-$를 써넣어 두 수 사이의 관계를 알아보세요.

⑴ 귤 6개를 더 샀더니 12개가 되었습니다.

처음 있던 귤의 수 ○ 6 ○ 6 ⟷ 전체 귤의 수: 12개

⑵ 접시 2개가 깨져 21개가 남았습니다.

처음 있던 접시의 수 ○ 2 ○ 2 ⟷ 남은 접시의 수: 21개

실행 문제 ③

수진이는 온라인 게임을 하면서 아이템 15개를 사용하여/ 26개가 남았습니다./ 수진이가 처음에 가지고 있던 아이템은 몇 개였나요?

전략 아이템 15개를 사용했으므로 (처음에 가지고 있던 아이템의 수)$-15=$(남은 아이템의 수)이다.

❶ 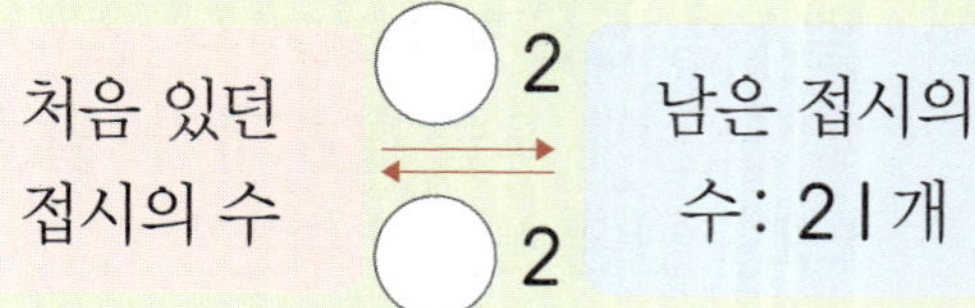
처음에 가지고 있던 아이템의 수 ○ 15 ○ 15 ⟷ 남은 아이템의 수: 26개

전략 (남은 아이템의 수)$+$(사용한 아이템의 수)

❷ (처음에 가지고 있던 아이템의 수)$=26$ ○ 15

$=$ ☐ (개)

답 _______________

④ ■를 사용한 식 쓰기

선행 문제 해결 전략

• **모르는 수**를 ■로 나타내어 식 만들기

> **색종이 19장**을 가지고 있었는데
> **몇 장을 더 받아 28장이 되었다.**

① 색종이를 더 받았으므로 덧셈식이다.
② 문장에 알맞은 식: **19+■=28**

선행 문제 ④

모르는 수를 ■로 하여 문장에 알맞은 식을 만든 것에 ○표 하세요.

(1)
> 사과 15개가 있었는데 몇 개를 더 사 와 33개가 되었습니다.

(15+■=33 , ■=15+33)

(2)
> 올해 수확한 쌀 72자루 중 몇 자루를 팔았더니 46자루가 남았습니다.

(72=■-46 , 72-■=46)

실행 문제 ④

채희는 연필 28자루를 가지고 있었습니다. /
생일 선물로 몇 자루를 더 받아 / 41자루가 되었습니다. /
생일 선물로 받은 연필은 몇 자루인지 / ■를 사용하여 식을 만들어 답을 구하세요.

[전략] ■는 모르는 수를 대신해 쓰자.

❶ ■는 (가지고 있었던 , 생일 선물로 받은) 연필 수

[전략] '생일 선물로 더 받아'이므로 밑줄 친 문장을 ■를 사용한 덧셈식으로 만들자.

❷ ■를 사용한 식 만들기: ☐ + ■ = ☐

[전략] ❷에서 만든 식에서 덧셈과 뺄셈의 관계를 이용해 ■를 구하자.

❸ ■ = ☐ − ☐ = ☐

답 ___________________

STEP 1 { 문제 **해결력** 기르기 }

⑤ 합(차)이 ■가 되는 두 수 찾기

예 합이 115인 두 수 찾기

67	56	48

합 **115**의 일의 자리 숫자가 **5**이므로
일의 자리 숫자끼리의 합이 5인 두 수는

$$67+56=\square\square\,3 \quad (\times)$$
$$7+6=13$$

$$56+48=\square\square\,4 \quad (\times)$$
$$6+8=14$$

$$67+48=\square\square\,5 \quad (\bigcirc)$$
$$7+8=15$$

→ 합이 115라고 예상하는 두 수: 67, 48

선행 문제 ⑤

다음에서 합의 일의 자리 숫자가 5인 두 수를 찾아 쓰세요.

16	7	29

풀이 16+7의 일의 자리 숫자: 3

7+29의 일의 자리 숫자: $\square$

16+29의 일의 자리 숫자: $\square$

→ 합의 일의 자리 숫자가 5인 두 수:

$\square$, $\square$

실행 문제 ⑤

오른쪽에 화살 두 개를 던져 맞힌 두 수의 합은 가운데 65와 같습니다. /
맞힌 두 수를 찾아 쓰세요.

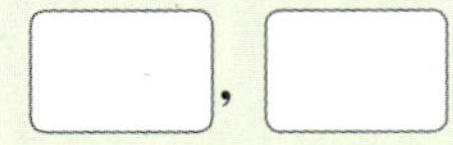

전략 65의 일의 자리 숫자가 5이므로 일의 자리 숫자끼리의 합이 5인 두 수를 찾자.

〔예상 1〕 $9+6=15$이므로 일의 자리 숫자끼리의 합이 5인 두 수는 29와 $\square$,

찾은 두 수의 합: $29+\square=\square$ → 합이 65가 (맞다 , 아니다).

〔예상 2〕 $7+8=15$이므로 일의 자리 숫자끼리의 합이 5인 두 수는 27과 $\square$,

찾은 두 수의 합: $27+\square=\square$ → 합이 65가 (맞다 , 아니다).

 **답** ________________

⑥ 계산 결과가 가장 큰(작은) 식 만들기

빼는 수가 **클수록** 계산 결과는 **작아진다.**

빼는 수가 **작을수록** 계산 결과는 **커진다.**

예 10에서 빼기

10	−	1	=	9
10	−	2	=	8
10	−	3	=	7
10	−	4	=	6

빼는 수가 클수록

계산 결과는 작아진다.

선행 문제 ⑥

주어진 식의 ☐ 안에 수를 넣어 계산하세요.

| 18 | 22 | 54 |

81 − ☐

(1) 계산 결과가 가장 큰 식을 만들어 구하세요.

풀이 가장 작은 수인 ☐ 을 뺀다.

→ 81 − ☐ = ☐

(2) 계산 결과가 가장 작은 식을 만들어 구하세요.

풀이 가장 큰 수인 ☐ 를 뺀다.

→ 81 − ☐ = ☐

실행 문제 ⑥

수 카드 6 , 2 , 4 에서 2장을 골라 한 번씩만 사용하여 두 자리 수를 만들어/

90에서 빼려고 합니다./

계산 결과가 가장 작게 되는 뺄셈식을 쓰고 계산하세요.

전략 빼는 수가 클수록 계산 결과는 작아진다.

❶ 계산 결과가 가장 작으려면 90에서 가장 (작은 , 큰) 수를 빼야 한다.

전략 큰 수부터 십, 일의 자리에 차례로 놓아 가장 큰 두 자리 수를 만들자.

❷ 수 카드로 만들어야 하는 두 자리 수: ☐☐

전략 90−(❷에서 만든 두 자리 수)

❸ 계산 결과가 가장 작은 뺄셈식: 90 − ☐☐ = ☐

식 　　90 − ☐ = ☐

{ 수학 사고력 키우기 }

~보다 더 많은(적은) 수 구하기

연계학습 054쪽

대표 문제 1

보람이는 카드를 33장 모았습니다. /
지후가 보람이보다 카드를 18장 더 적게 모았다면 /
지후가 모은 카드는 몇 장인가요?

구하려는 것은?

☐ 가 모은 카드 수

주어진 것은?

- 보람이가 모은 카드 수: ☐ 장

- 지후가 보람이보다 카드를 ☐ 장 더 적게 모음.

해결해 볼까?

❶ 문장에 알맞게 식의 ◯ 안에 + 또는 −를 써넣으세요.

[전략] '~보다 더 적게'는 뺄셈식으로 나타낼 수 있다.

식 (지후의 카드 수)=(보람이의 카드 수) ◯ 18

❷ 지후가 모은 카드는 몇 장?

[전략] ❶의 식을 계산하자.

답 ____________________

쌍둥이 문제 1-1

학급문고에 동화책이 34권 있습니다. /
위인전은 동화책보다 27권 더 많다면 /
위인전은 몇 권 있나요?

대표 문제 따라 풀기

❶

❷

답 ____________________

세 수의 계산하기

연계학습 055쪽

대표 문제 2

과일 가게에 사과가 36개, 배가 38개 있습니다. /
감은 사과와 배의 수의 합보다 / 26개 더 적게 있습니다. /
과일 가게에 감은 몇 개 있나요?

구하려는 것은?

과일 가게에 있는 (사과 , 배 , 감)의 수

주어진 것은?

- 사과의 수: ☐개, 배의 수: 38개

- 감의 수: 사과와 배의 수의 합보다 ☐개 더 적음.

어떻게 풀까?

1 먼저 계산해야 할 사과와 배의 수의 합을 식으로 나타내고,

2 감의 수는 1의 합보다 26개 더 적으므로 1의 식에 이어서 26을 빼자.

해결해 볼까?

❶ 감의 수를 구하는 식 만들기

전략 (사과의 수)+(배의 수)−26

식 ☐ + ☐ − ☐

❷ 과일 가게에 있는 감은 몇 개?

전략 ❶의 식을 계산하자.

답 ＿＿＿＿＿＿＿

쌍둥이 문제 2-1

61층에 멈춰 있던 엘리베이터가 /
19층을 더 올라갔다가 / 44층을 내려갔습니다. /
지금 엘리베이터가 멈춰 있는 층은 몇 층인가요?

대표 문제 따라 풀기

❶

❷

답 ＿＿＿＿＿＿＿

3

덧셈과 뺄셈

61

처음 수 구하기

연계학습 056쪽

대표 문제 3

재호는 딱지치기에서 **7**개의 딱지를 따/ **24**개가 되었습니다./
재호가 딱지치기 전에 가지고 있던 딱지는 몇 개였나요?

구하려는 것은?

재호가 딱지치기 전에 가지고 있던 딱지의 수

주어진 것은?

• 딱지치기에서 딴 딱지의 수: ☐ 개

• 딱지치기 후 딱지의 수: ☐ 개

해결해 볼까?

❶ ◯ 안에 + 또는 ㅡ를 써넣으세요.

전략 7개의 딱지를 땄으므로 (딱지치기 전 딱지의 수)+7=(딱지치기 후 딱지의 수)이다.

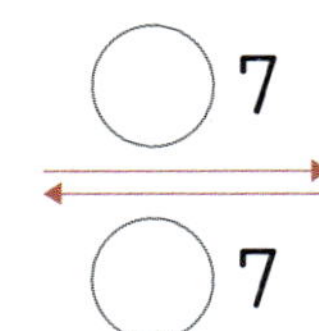

❷ 딱지치기 전에 가지고 있던 딱지는 몇 개?

전략 (딱지치기 후 딱지의 수)ㅡ(딴 딱지의 수)

답 

쌍둥이 문제 3-1

운동장에서 놀던 학생 중 **16**명이 교실로 들어가/ **28**명이 남았습니다./
운동장에서 놀고 있던 학생은 몇 명이었나요?

대표 문제 따라 풀기

❶

❷

답 _______________

■를 사용한 식 쓰기

연계학습 057쪽

대표 문제 4

풍선 장식 85개가 있었습니다. /
바람에 몇 개가 날아가/ 78개가 남았습니다. /
날아간 풍선 장식은 몇 개인지/ ■를 사용하여 식을 만들고 답을 구하세요.

구하려는 것은? 날아간 풍선 장식의 수를 ■를 사용하여 식을 만들고 구하기

주어진 것은? 처음 있던 풍선 장식의 수: ☐개, 날아간 후 남은 풍선 장식의 수: ☐개

해결해 볼까?

❶ 알맞은 말에 ○표 하기

전략 ■는 모르는 수를 대신해 쓰자.

■는 (날아간 , 날아간 후 남은) 풍선 장식의 수

❷ 밑줄 친 문장을 ■를 사용하여 식을 만들면?

전략 '날아갔다'이므로 밑줄 친 문장을 ■를 사용한 뺄셈식으로 만들자.

식 ____________________

❸ 날아간 풍선 장식은 몇 개?

전략 ❷에서 만든 식에서 덧셈과 뺄셈의 관계를 이용해 ■를 구하자.

답 ____________________

쌍둥이 문제 4-1

진열대에 주스 52개가 있었습니다. /
오전에 몇 개가 팔려/ 19개가 남았습니다. /
오전에 팔린 주스는 몇 개인지/ ■를 사용하여 식을 만들고 답을 구하세요.

대표 문제 따라 풀기

❶

❷

❸

식 ____________________   답 ____________________

3

덧셈과 뺄셈

합(차)이 █가 되는 두 수 찾기

연계학습 058쪽

대표 문제 5

오른쪽에 화살 두 개를 던져 맞힌 두 수의 차는 가운데 24와 같습니다. /
맞힌 두 수를 찾아 쓰세요.

61		48
	24	
37		82

구하려는 것은?

차가 □인 두 수

어떻게 풀까?

1. 차 24의 일의 자리 숫자가 4이므로 **일의 자리 숫자끼리의 차가 4**인 두 수끼리 짝 지은 후,
2. 짝 지은 두 수끼리의 차를 구하여 24가 되는 두 수를 찾자.

해결해 볼까?

❶ 일의 자리 숫자끼리의 차가 4인 두 수끼리 짝 지으면?

[전략] 차 24의 일의 자리 숫자가 4이므로 받아내림을 생각하며 일의 자리 숫자끼리의 차가 4인 두 수를 찾자.

답 (61 , □), (□ , □)

❷ 위 ❶에서 짝 지은 두 수끼리의 차를 구하면? [전략] 큰 수에서 작은 수를 빼자.

[예상 1] 61 − □ = □   [예상 2] 82 − □ = □

❸ 맞힌 두 수를 찾아 쓰면?

[전략] ❷에서 차가 24인 두 수를 찾자.

답 ___________

쌍둥이 문제 5-1

오른쪽에 화살 두 개를 던져 맞힌 두 수의 차는 가운데 45와 같습니다. /
맞힌 두 수를 찾아 쓰세요.

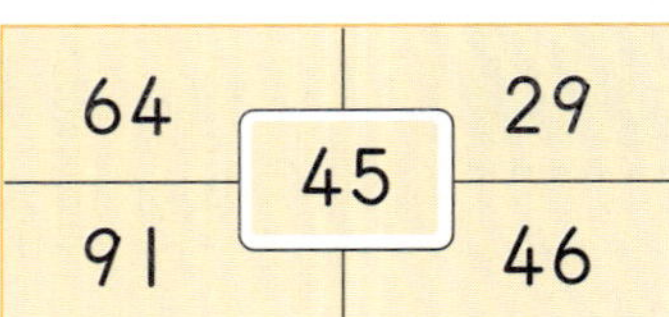

64		29
	45	
91		46

 **대표 문제 따라 풀기**

❶

❷

❸

답 ___________

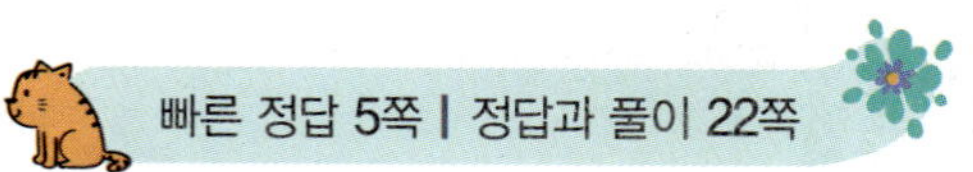

계산 결과가 가장 큰(작은) 식 만들기

연계학습 059쪽

대표 문제 6

수 카드 1 , 5 , 9 에서 2장을 골라 한 번씩만 사용하여 두 자리 수를 만들어/ 73에서 빼려고 합니다./
계산 결과가 가장 크게 되는 뺄셈식을 쓰고 계산하세요.

구하려는 것은?

계산 결과가 가장 ☐ 되는 뺄셈식

어떻게 풀까?

1 73에서 뺐을 때 계산 결과가 가장 크게 되는 가장 작은 두 자리 수를 만들어,
2 73에서 빼자.

해결해 볼까?

❶ 알맞은 말에 ○표 하기 〔전략〕 빼는 수가 작을수록 계산 결과는 커진다.

계산 결과가 가장 크려면 73에서 가장 (작은 , 큰) 수를 빼야 한다.

❷ 수 카드로 만들어야 하는 두 자리 수는?
〔전략〕 작은 수부터 십, 일의 자리에 차례로 놓아 가장 작은 두 자리 수를 만들자.

답 ☐☐

❸ 계산 결과가 가장 크게 되는 뺄셈식을 쓰고 계산하면?
〔전략〕 73−(❷에서 만든 두 자리 수)

식 73 − ☐ = ☐

쌍둥이 문제 6-1

수 카드 2 , 3 , 8 에서 2장을 골라 한 번씩만 사용하여 두 자리 수를 만들어/ 50에서 빼려고 합니다./
계산 결과가 가장 크게 되는 뺄셈식을 쓰고 계산하세요.

대표 문제 따라 풀기

❶

❷

❸

식 _______________

{ 수학 독해력 완성하기 }

~보다 더 많은(적은) 수 구하기

연계학습 060쪽

독해 문제 1

체육관에 축구공이 42개 있고, /
농구공은 축구공보다 13개 더 적게 있습니다. /
체육관에 축구공과 농구공은 모두 몇 개 있나요?

구하려는 것은? 체육관에 있는 축구공과 농구공 수의 (합 , 차)

주어진 것은?
- 축구공의 수: ☐ 개
- 농구공은 축구공보다 ☐ 개 더 적게 있음.

어떻게 풀까?
1 '~보다 더 적게'이므로 뺄셈식으로 농구공 수를 구하고,
2 축구공과 농구공 수의 합을 구하자.

해결해 볼까?

❶ 문장에 알맞게 식의 ◯ 안에 + 또는 ─를 써넣으세요.

[식] (농구공 수)=(축구공 수) ◯ 13

❷ 체육관에 있는 농구공은 몇 개?

답 _______________

❸ 체육관에 있는 축구공과 농구공은 모두 몇 개?
[전략] '모두'는 덧셈식으로 구하자.

답 _______________

바르게 계산하기

어떤 수에 9를 더해야 할 것을/
잘못하여 8을 뺐더니 37이 되었습니다./
바르게 계산하면 얼마인가요?

구하려는 것은? 바르게 계산한 값 ➡ 어떤 수에 ☐를 더한 값

주어진 것은?
- 바른 계산: 어떤 수에 ☐를 더함.
- 잘못된 계산: 어떤 수에서 ☐을 뺐더니 37이 됨.

어떻게 풀까?
1 잘못 계산한 식을 세운 후 8을 빼기 전의 어떤 수를 구하고,
2 어떤 수에 9를 더해 바르게 계산한 값을 구하자.

해결해 볼까?

❶ 잘못 계산한 식을 세우면?

식 ▸ (어떤 수) − ☐ = ☐

❷ 위 ❶의 식에서 어떤 수를 구하면?

답 ________________

❸ 위 ❷의 어떤 수를 이용하여 바르게 계산한 값을 구하면?

전략 ▸ 어떤 수에 9를 더하자.

답 ________________

{ 수학 독해력 완성하기 }

계산 결과가 가장 큰(작은) 식 만들기

연계학습 065쪽

독해 문제 3

수 카드 2장을 골라 한 번씩만 사용하여 두 자리 수를 만들어 /
71에서 빼려고 합니다. /
계산 결과가 가장 작게 되는 뺄셈식을 쓰고 계산하세요.

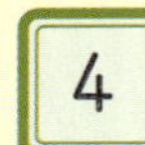

구하려는 것은? 계산 결과가 가장 작게 되는 뺄셈식

주어진 것은? 3장의 수 카드

어떻게 풀까?
1 수 카드로 만들 수 있는 두 자리 수 중 71에서 뺄 수 있는 수를 모두 구하고,
2 이 중 71에서 뺐을 때 계산 결과가 가장 작게 되는 가장 큰 수를 찾자.

해결해 볼까?

❶ 수 카드로 만들 수 있는 두 자리 수를 모두 쓰면?

답 ________________________

❷ 위 ❶에서 만든 수 중 71에서 뺄 수 있는 수를 모두 쓰면?

전략 71보다 작은 수를 찾자.

답 ________________________

❸ 알맞은 말에 ◯표 하기

> 계산 결과가 가장 작으려면
> 71에서 가장 (작은 , 큰) 수를 빼야 한다.

❹ 계산 결과가 가장 작게 되는 뺄셈식을 쓰고 계산하면?

식 ________________________

합(차)이 ■가 되는 두 수 찾기

연계학습 **064**쪽

독해 문제 **4**

수 카드 중에서 **2**장씩 골라 차가 **57**이 되는 식을 모두 쓰세요.

$$17 \quad 18 \quad 19 \quad 75 \quad 76$$

$$\boxed{} - \boxed{} = 57$$

구하려는 것은? 차가 **57**이 되는 수 카드로 만든 식

주어진 것은? **5**장의 수 카드

어떻게 풀까?
1 차 **57**의 일의 자리 숫자가 **7**이므로 **일의 자리 숫자끼리의 차가 7**인 두 수끼리 짝 지은 후,
2 짝 지은 두 수끼리의 차를 구하여 **57**이 되는지 확인하자.

해결해 볼까?

❶ 일의 자리 숫자끼리의 차가 **7**인 두 수끼리 짝 지으면?

전략 차가 **57**이므로 빼어지는 수는 **57**보다 큰 수에서 찾자.

$$17 \quad 18 \quad 19$$

$$75 \quad 76$$

❷ 위 ❶에서 짝 지은 두 수끼리의 차를 구하면?

[예상 1] $\boxed{} - \boxed{} = \boxed{}$

[예상 2] $\boxed{} - \boxed{} = \boxed{}$

❸ 차가 **57**이 되는 식을 모두 쓰기

식 _______________________________________

{ 창의·융합·코딩 **체험**하기 }

융합 1

어느 공원 자전거대여소에 자전거가 50대 있었습니다. /
다음과 같이 빌려 가고 / 남은 자전거는 몇 대인가요?

이름	빌려 간 시간	빌려 간 자전거 수	반납
박○○	10:00	14대	
고△△	10:30	12대	

답 _______________

코딩 2

하늘에서 귤과 돌이 떨어지는 온라인 게임입니다. /
떨어지는 귤을 받으면 17점을 얻고, / 돌을 받으면 15점을 잃게 됩니다. /
지금까지 받은 점수는 몇 점인가요?

답 _______________

[융합 3~4] 다영이와 예준이는 주사위 2개를 던져 나온 눈의 수의 합만큼 칸을 이동하는 보드 게임을 하고 있습니다./
다음은 두 사람의 현재 위치입니다. 물음에 답하세요.

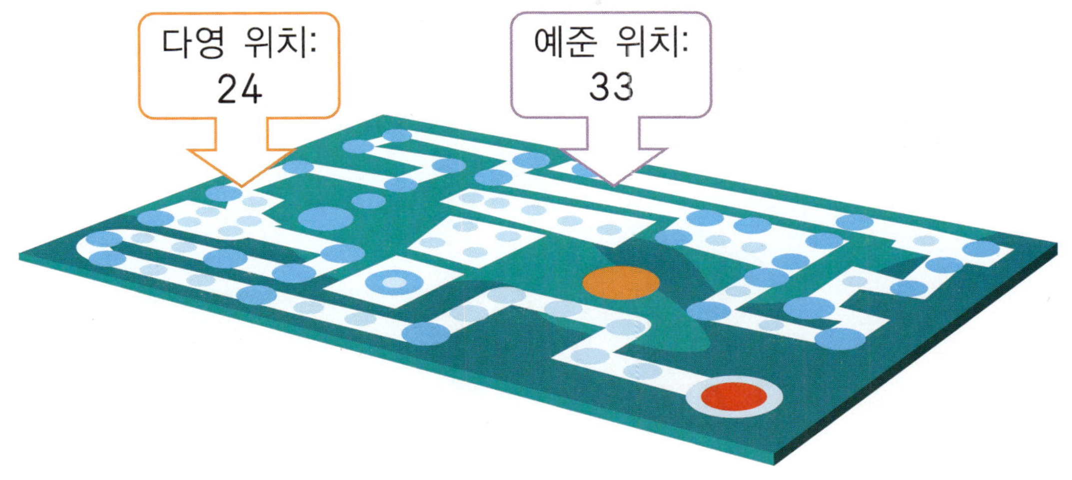

융합 3 다영이와 예준이가 각자 주사위 2개를 던져 나온 주사위의 눈입니다./
각자 이동하여 도착한 칸의 위치를 쓰세요. (단, 칸의 위치는 1씩 커집니다.)

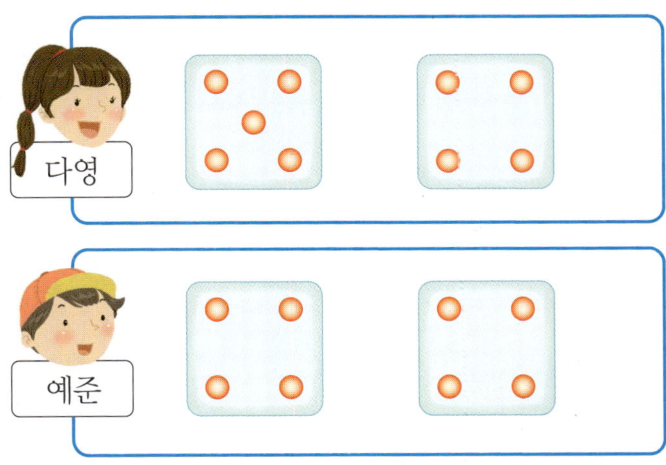

 다영이의 위치: ________________

예준이의 위치: ________________

융합 4 다영이와 예준이가 융합 3 에서 이동하여 도착한 칸의 위치의 차이는 몇인가요?

 ________________

창의·융합·코딩 체험하기

 달봇과 거봇의 블록 명령어는 다음과 같습니다./
시작하기 버튼을 클릭했을 때 더 많이 움직이는 로봇을 쓰세요.

답 ____________________

 수가 쓰여 있는 풍선에 화살 2개를 던져 맞힌 두 수의 합에 따라 선물을 받을 수 있습니다./
파란색 풍선과 초록색 풍선을 맞혔다면/
어떤 선물을 받을 수 있나요?

합	20~39	40~59	60~80
선물 종류	풍선	공	곰 인형

답 ____________________

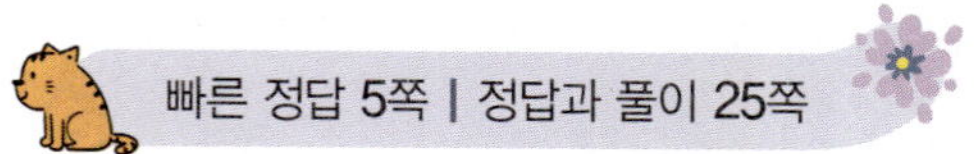

[**코딩** ⑦~⑧] 징봇은 블록 명령어에 따라 지나간 칸에 쓰여 있는 수를 모두 더하여 그 값을 말합니다. /
시작하기 버튼을 클릭했을 때 징봇이 말하는 수를 쓰세요.

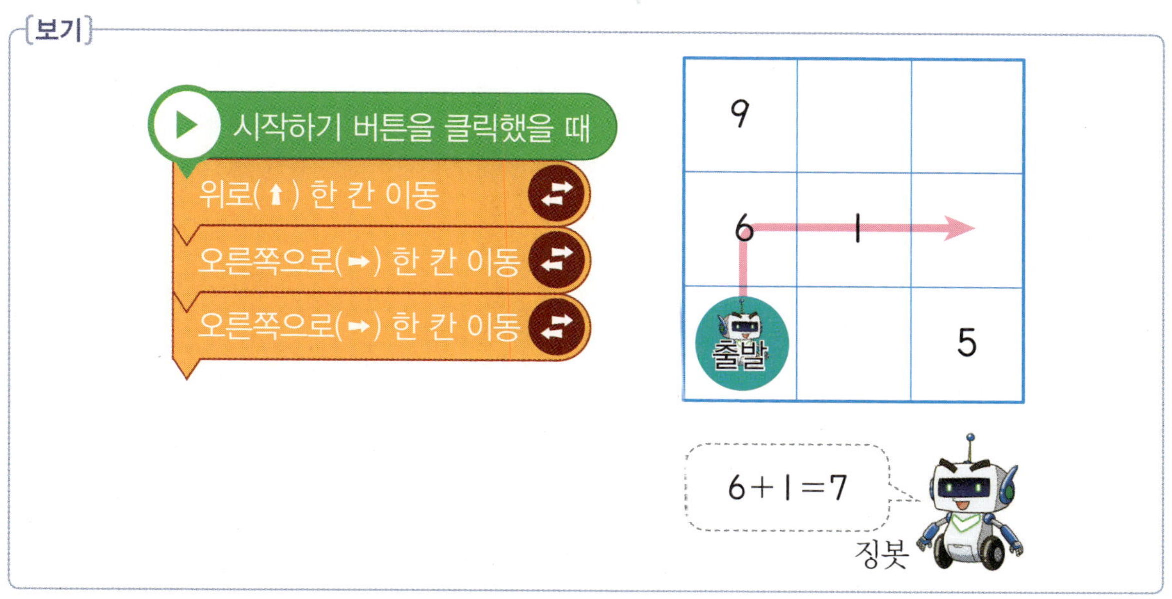

코딩 ⑦

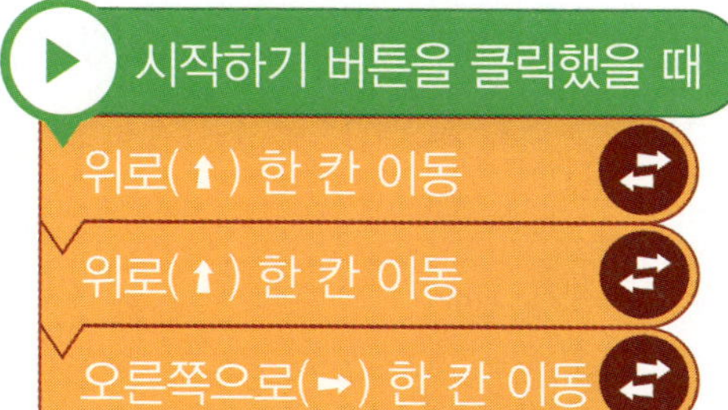

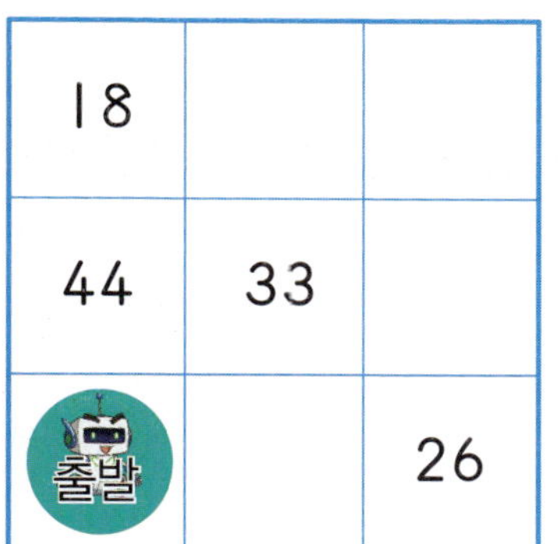

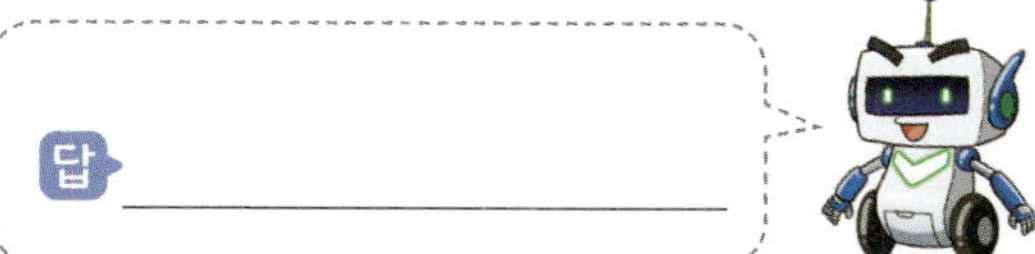

코딩 ⑧

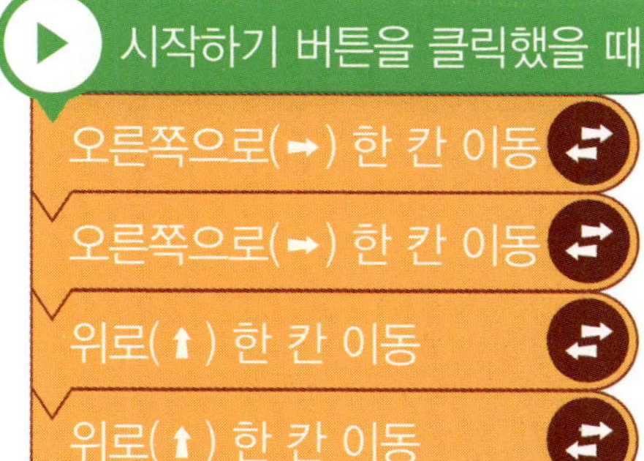

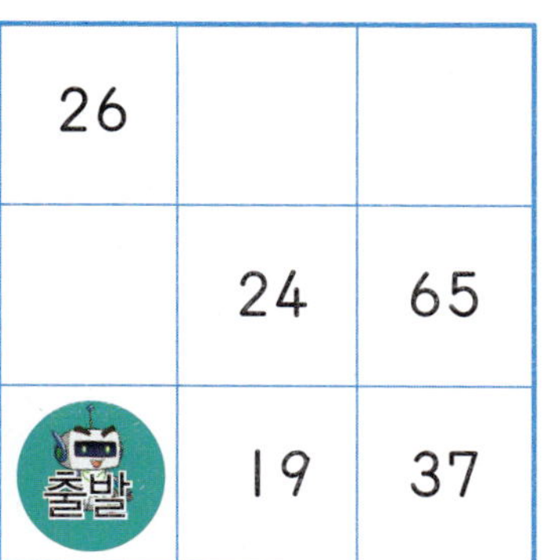

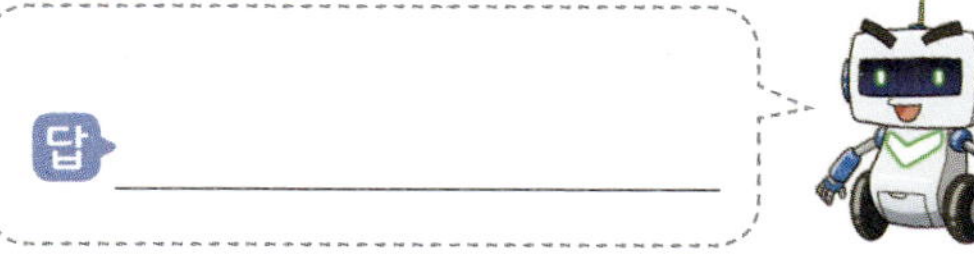

{ 실전 마무리 하기 }

~보다 더 많은(적은) 수 구하기 060쪽

1 오리가 65마리 있습니다. 닭은 오리보다 28마리 더 적게 있다면 닭은 몇 마리 있나요?

풀이

답 ____________________

세 수의 계산하기 061쪽

2 가영이네 학교에서는 식목일에 소나무 32그루, 잣나무 55그루, 은행나무 81그루를 심었습니다. 심은 나무는 모두 몇 그루인가요?

 풀이

답 ____________________

세 수의 계산하기 061쪽

3 35명이 타고 있던 버스가 정류장에 멈춰 18명이 내리고 6명이 탔습니다. 지금 버스에 타고 있는 사람은 몇 명인가요?

 풀이

 답 ____________________

처음 수 구하기  062쪽

4 어린이날 행사로 준비한 선물 중 56개를 나눠줬더니 48개가 남았습니다. 준비한 선물은 몇 개였나요?

풀이▶

답 ________________

■를 사용한 식 쓰기  063쪽

5 소영이는 어제 줄넘기를 74번 넘었습니다. 오늘은 어제보다 몇 번 더 넘어 92번 넘었습니다. 오늘은 어제보다 몇 번 더 넘었는지 ■를 사용하여 식을 만들고 답을 구하세요.

풀이▶

식 ________________ 답 ________________

조건에 맞는 수 구하기

6 정수네 학교 2학년 학생은 96명입니다. 이 중 여학생은 49명이고, 남학생 중 태권도를 다니지 않는 학생은 19명입니다. 태권도를 다니는 남학생은 몇 명인가요?

풀이▶

답 ________________

합(차)이 ■가 되는 두 수 찾기 ⟲064쪽

7 다음 숫자판에 화살 두 개를 던져 맞힌 두 수의 합은 가운데 73과 같습니다. 맞힌 두 수를 찾아 쓰세요.

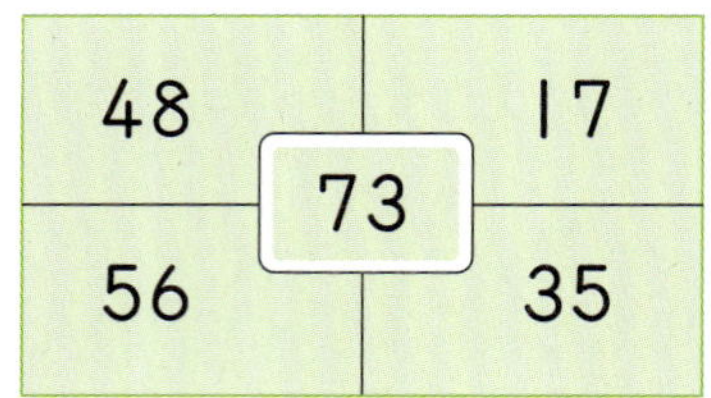

풀이

답 ______________________

~보다 더 많은(적은) 수 구하기 ⟲066쪽

8 보관함에 가위가 18개 있고, 풀은 가위보다 15개 더 많이 있습니다. 보관함에 가위와 풀은 모두 몇 개 있나요?

풀이

답 ______________________

바르게 계산하기  067쪽

9 어떤 수에 47을 더해야 할 것을 잘못하여 26을 뺐더니 36이 되었습니다. 바르게 계산하면 얼마인가요?

풀이▶

답▶ ____________________

계산 결과가 가장 큰(작은) 식 만들기 068쪽

10 수 카드 2장을 골라 한 번씩만 사용하여 두 자리 수를 만들어 75에서 빼려고 합니다. 계산 결과가 가장 작게 되는 뺄셈식을 쓰고 계산하세요.

 5    8    2

풀이▶

식▶ ____________________

4 길이 재기

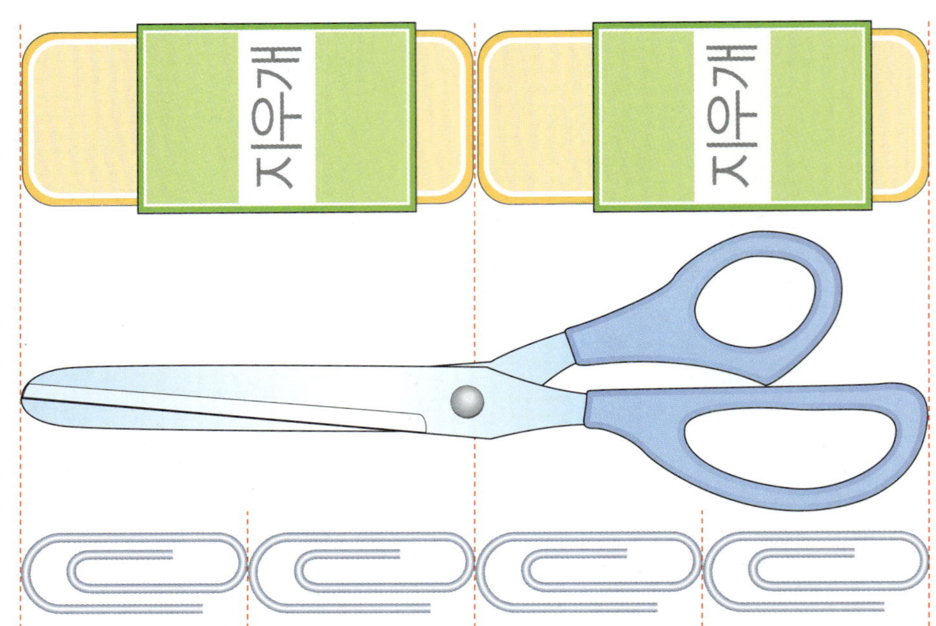

①

지우개로 가위를 재어 보니 2번이야.

클립으로 가위를 재어 보니 ⬜번이네.

②

가위로 수학책 긴 쪽을 재어 보니 2번이었어.

지우개로 수학책 긴 쪽을 재어 보면 ⬜번이야.

③

가위로 책상 긴 쪽을 재어 보니 10번이었어.

클립으로 책상 긴 쪽을 재어 보면 ⬜번이야.

쓸 줄 알아야 **진짜 실력!**

자를 이용해 길이 재는 방법을 알아볼까?

- 물건의 한쪽 끝을 자의 한 눈금에 맞춰.
- 맞춘 눈금에서 다른 쪽 끝까지 1 cm가 몇 번 들어가는지 세야 해.

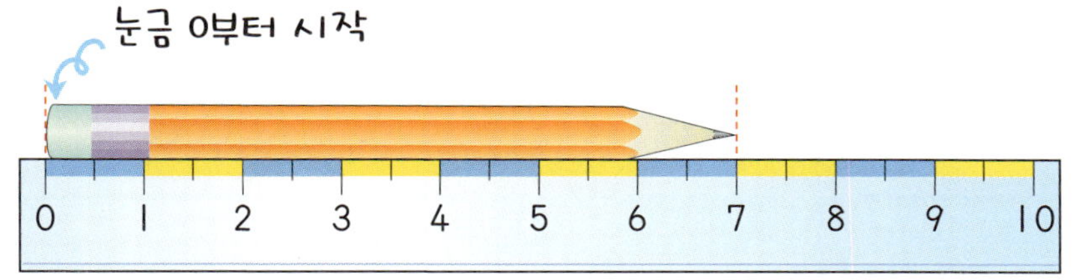

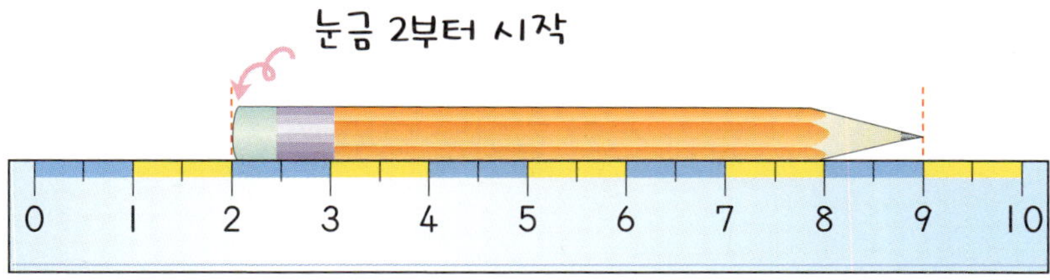

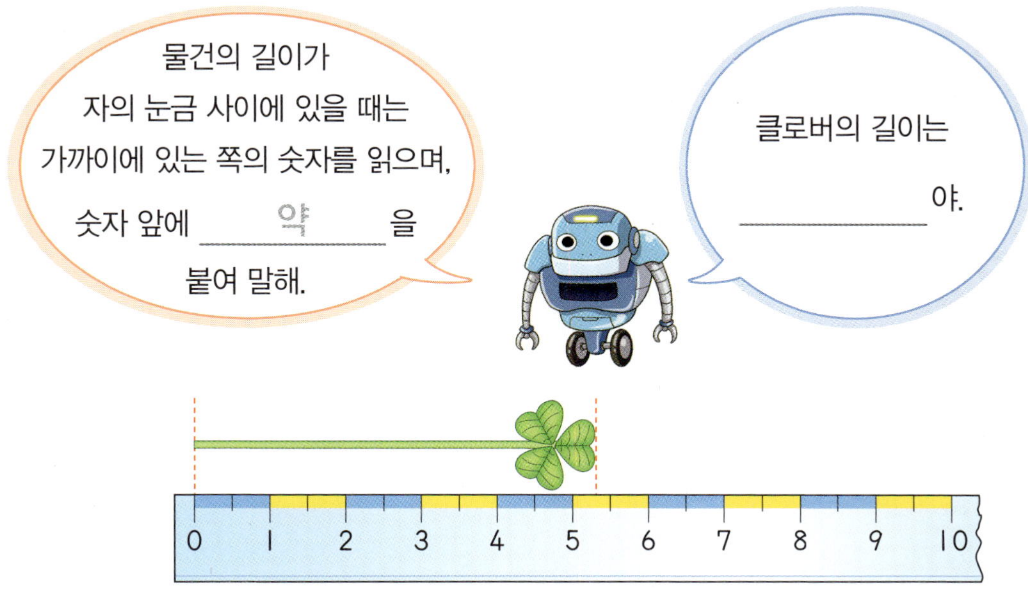

{ 문제 **해결력** 기르기 }

① 선의 길이 구하기

선행 문제 해결 전략

• 1 cm의 횟수로 막대의 길이 구하기

1 cm 1 cm 1 cm

1번 2번 3번 ➡ **3** cm

1 cm가 3번이면 3 cm이다.

선행 문제 ①

 의 길이는 1 cm입니다. 주어진 막대의 길이를 구하세요.

(1) 

풀이 1 cm가 ☐ 번이므로 ☐ cm

(2)

풀이 1 cm가 ☐ 번이므로 ☐ cm

실행 문제 ①

작은 사각형의 한 변의 길이는 1 cm로 모두 같습니다. /
빨간 선의 길이는 모두 몇 cm인가요?

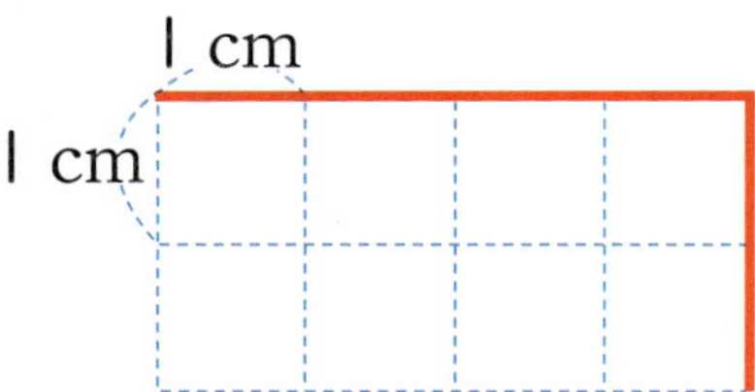

전략 빨간 선에 있는 작은 사각형의 한 변의 수를 모두 세어 보자.

❶ 빨간 선에 있는 1 cm의 개수: ☐ 개

전략 1 cm가 ■번이면 ■ cm이다.

❷ 빨간 선의 길이: ☐ cm

답 ______________

쌍둥이 문제 1-1

작은 사각형의 한 변의 길이는 1 cm로 모두 같습니다. /
빨간 선의 길이는 모두 몇 cm인가요?

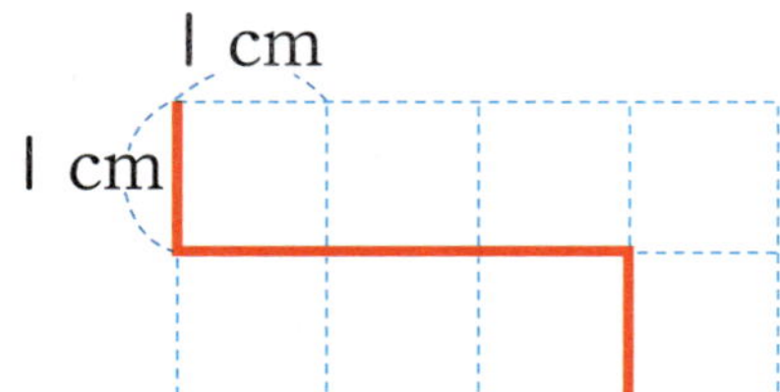

실행 문제 따라 풀기

❶

❷

답 ______________

② 잰 횟수가 같고 단위가 다를 때 물건의 길이 비교하기

선행 문제 해결 전략

예 풀과 연필로 각각 4번씩 잰 우산의 길이 비교하기 → 물건을 재는 단위

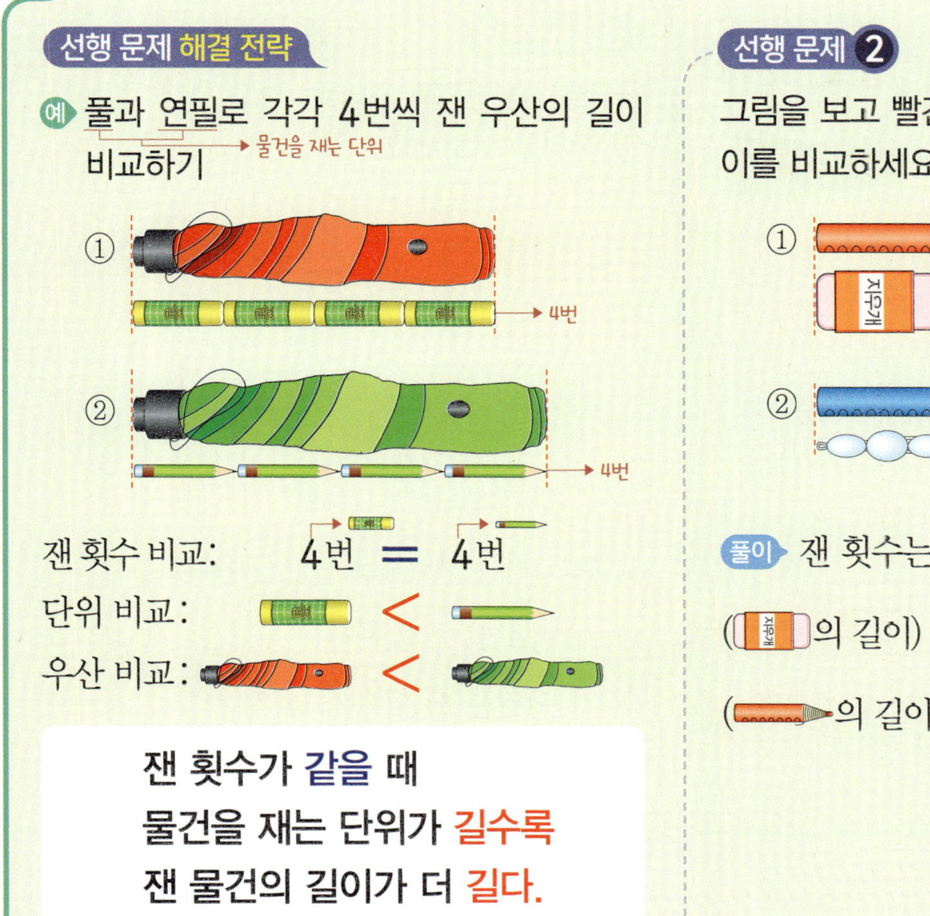

> 잰 횟수가 **같을** 때
> 물건을 재는 단위가 **길수록**
> 잰 물건의 길이가 더 **길다.**

선행 문제 ②

그림을 보고 빨간 색연필과 파란 색연필의 길이를 비교하세요.

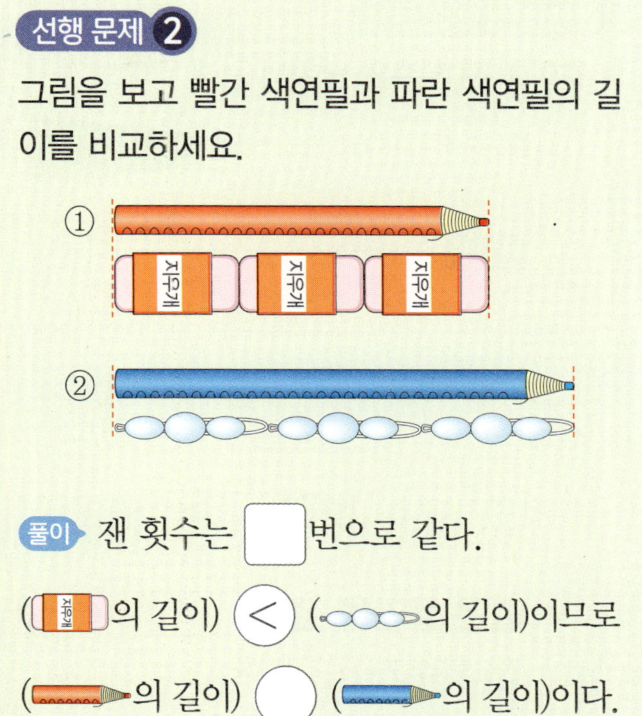

풀이 잰 횟수는 ☐ 번으로 같다.

(지우개 의 길이) < (의 길이)이므로

(의 길이) ◯ (의 길이)이다.

실행 문제 ②

더 긴 목걸이를 만든 사람은 누구인가요?

전략 단위(익힘책의 짧은 쪽, 지우개)로 몇 번씩 쟀는지 비교하자.

❶ 지우와 은서가 잰 횟수는 2번으로 (같다 , 다르다).

전략 목걸이의 길이를 재는 데 각자 사용한 단위를 서로 비교하자.

❷ 단위가 더 긴 것은 (익힘책의 짧은 쪽 , 지우개)이다.

전략 잰 횟수가 같을 때 더 긴 단위로 잰 목걸이가 더 길다.

❸ 더 긴 목걸이를 만든 사람 : ☐

답 ________________

③ 단위 비교하기

• 길이를 잰 횟수와 단위의 관계 알아보기

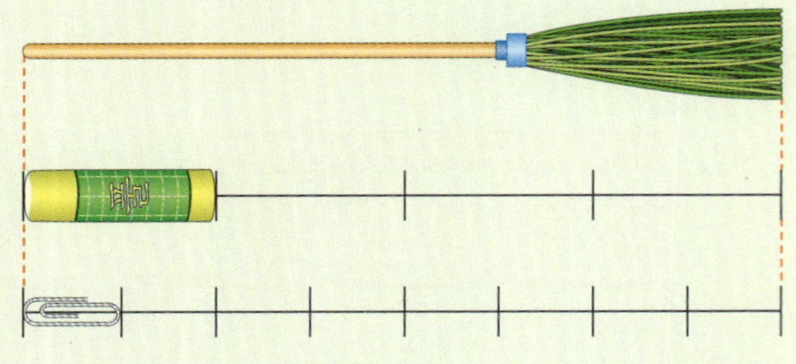

잰 횟수 비교 :   4번   <   8번

단위 비교 :    >      (반대)

> **같은 물건을 잴 때**
> **잰 횟수가 적을수록**
> **물건을 잰 단위는 더 길다.**

국자를 숟가락과 포크로 재고 있습니다. 더 긴 단위를 구하세요.

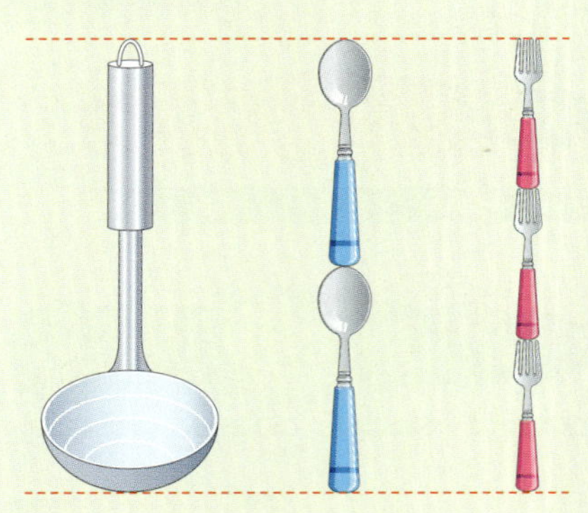

풀이 국자는  으로 2번이고,

□로 □번이다.

더 긴 단위는 잰 횟수가 더 적은

(,)이다.

다음은 각 물건을 단위로 하여 스마트폰 긴 쪽의 길이를 잰 횟수입니다. / 더 긴 단위는 무엇인가요?

단위	공깃돌	클립
잰 횟수	15번	10번

전략 같은 물건을 잴 때 잰 횟수가 적을수록 물건을 잰 단위는 더 길다.

❶ 더 긴 단위는 잰 횟수가 (많은 , 적은) 것이다.

❷ 더 긴 단위 : □

답 ______________

다음은 각 물건을 단위로 하여 수학 교과서 긴 쪽의 길이를 잰 횟수입니다. / 더 짧은 단위는 무엇인가요?

단위	집게	도장
잰 횟수	8번	6번

실행 문제 따라 풀기

❶

❷

답 ______________

④ 더 가깝게 어림한 사람 찾기

가깝게 어림했다는 건?

실제 길이와 어림한 길이의 차가 작은 것.

예 7 cm를 어림하여 리본 자르기

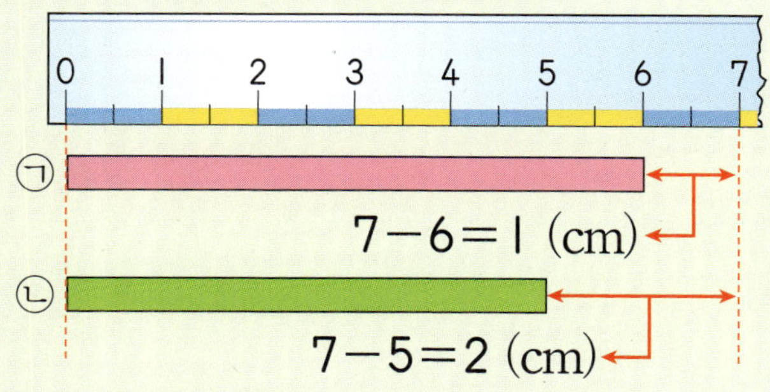

$7-6=1 \ (cm)$

$7-5=2 \ (cm)$

7 cm에 더 가깝게 어림하여 자른 리본은 차가 더 작은 ㉠이다.

약 5 cm를 어림하여 리본을 잘랐습니다. 5 cm에 더 가깝게 어림하여 자른 리본은 어느 것인가요?

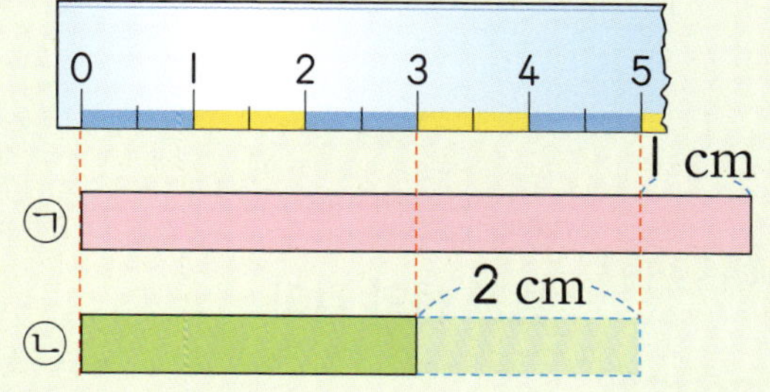

풀이

5 cm와 길이의 차가 더 작은 리본: ☐

5 cm에 더 가깝게 어림하여 자른 리본: ☐

선주와 윤미는 길이가 18 cm인 가위의 길이를 다음과 같이 어림하였습니다. / 실제 길이에 더 가깝게 어림한 사람은 누구인가요?

선주: 약 16 cm 윤미: 약 19 cm

전략 어림한 길이와 실제 길이의 차를 각각 구하자.

❶ 선주가 어림한 길이와 실제 길이의 차: ☐ cm

윤미가 어림한 길이와 실제 길이의 차: ☐ cm

전략 어림한 길이와 실제 길이의 차가 작을수록 더 가깝게 어림한 것이다.

❷ 실제 길이에 더 가깝게 어림한 사람: ☐

답 ____________________

{ 수학 사고력 키우기 }

선의 길이 구하기

연계학습 080쪽

대표 문제 1

오른쪽 작은 사각형의 한 변의 길이는
1 cm로 모두 같습니다. /
빨간 선의 길이는 모두 몇 cm인가요?

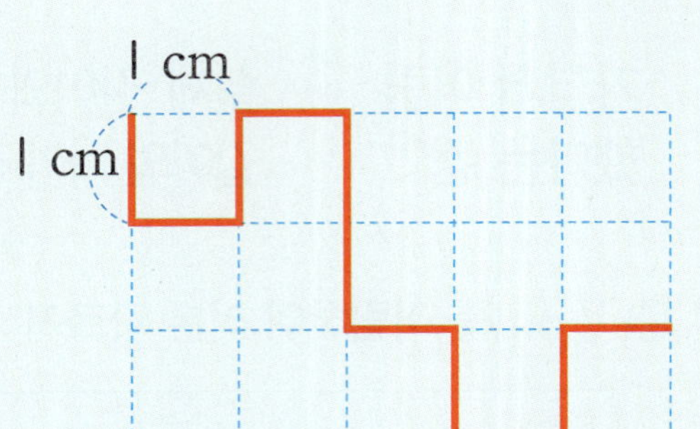

구하려는 것은?
빨간 선의 길이

주어진 것은?
작은 사각형의 한 변의 길이: ☐ cm

해결해 볼까?

❶ 빨간 선에 있는 1 cm는 몇 개?

전략 > 빨간 선에 있는 작은 사각형의 한 변의 수를 모두 세어 보자.

답 _______________

❷ 빨간 선의 길이는 모두 몇 cm?

전략 > 1 cm가 ■번이면 ■ cm이다.

답 _______________

쌍둥이 문제 1-1

오른쪽 작은 사각형의 한 변의 길이는
1 cm로 모두 같습니다. /
빨간 선의 길이는 모두 몇 cm인가요?

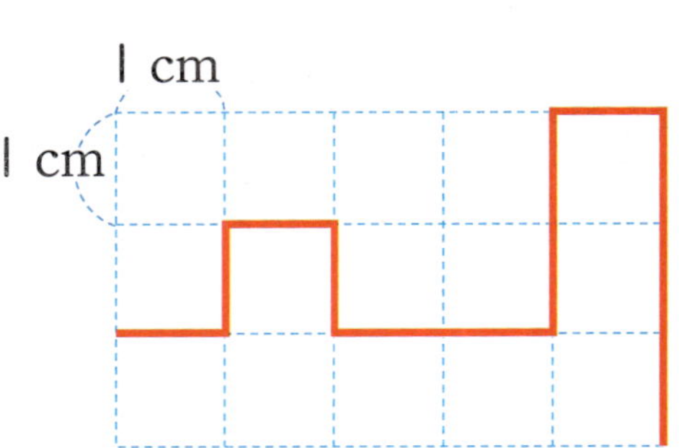

대표 문제 따라 풀기

❶

❷

답 _______________

잰 횟수가 같고 단위가 다를 때 물건의 길이 비교하기

연계학습 081쪽

대표 문제 2 더 긴 우산을 가지고 있는 사람은 누구인가요?

> • 민주: 내 우산의 길이는 건전지로 **6**번이야.
> • 석호: 내 우산의 길이는 내 뼘으로 **6**번이야.

구하려는 것은?
더 (짧은 , 긴) 우산을 가지고 있는 사람

어떻게 풀까?
잰 횟수가 같으므로 단위를 비교하여 더 긴 우산을 찾자.

해결해 볼까?

❶ 알맞은 말에 ○표 하기

> 잰 횟수는 6번으로 (같다 , 다르다).

❷ 건전지와 뼘 중 길이가 더 긴 것은?
전략 ▷ 우산의 길이를 재는 데 각자 사용한 단위를 서로 비교하자.

답 ______________________

❸ 더 긴 우산을 가지고 있는 사람은 누구?
전략 ▷ 잰 횟수가 같을 때 더 긴 단위로 잰 우산이 더 길다.

답 ______________________

4

길이 재기

85

쌍둥이 문제 2-1

더 짧은 바지를 가지고 있는 사람은 누구인가요?

> • 수호: 내 바지의 길이는 수학책 긴 쪽으로 **3**번이야.
> • 은우: 내 바지의 길이는 동생 칫솔로 **3**번이야.

대표 문제 따라 풀기

❶

❷

❸

답 ______________________

단위 비교하기

연계학습 082쪽

대표 문제 3

선우와 재민이가 책상 긴 쪽의 길이를 자신의 뼘으로 재어 보았더니 /
선우는 **7**뼘, 재민이는 **8**뼘이었습니다. /
한 뼘의 길이가 더 긴 사람은 누구인가요?

구하려는 것은?
한 뼘의 길이가 더 (짧은 , 긴) 사람

주어진 것은?
책상 긴 쪽의 길이를 뼘으로 잰 길이 ➡ 선우: ☐ 뼘, 재민: ☐ 뼘

해결해 볼까?

❶ 알맞은 말에 ◯표 하기

> 같은 물건을 잴 때
> 잰 횟수가 (적을수록 , 많을수록) 한 뼘의 길이가 더 길다.

❷ 한 뼘의 길이가 더 긴 사람은 누구?

전략 › 책상 긴 쪽의 길이를 잰 뼘의 횟수를 비교하자.

답 ______________________

쌍둥이 문제 3-1

민호와 유진이가 침대 긴 쪽의 길이를 자신의 걸음으로 재어 보았더니 /
민호는 **4**걸음, 유진이는 **5**걸음이었습니다. /
한 걸음의 길이가 더 긴 사람은 누구인가요?

대표 문제 따라 풀기

❶

❷

답 ______________________

4 길이 재기

더 가깝게 어림한 사람 찾기

연계학습 083쪽

대표 문제 4

길이가 **55 cm**인 바지 길이를/
보라는 약 **53 cm**, 송화는 약 **58 cm**로 어림했습니다./
실제 길이에 더 가깝게 어림한 사람은 누구인가요?

구하려는 것은?

실제 바지 길이에 더 가깝게 어림한 사람

주어진 것은?

• 실제 바지 길이: ☐ cm

• 어림한 바지 길이 ➡ 보라: 약 ☐ cm, 송화: 약 ☐ cm

해결해 볼까?

❶ 각자 어림한 길이와 실제 길이의 차는 몇 cm?

〔전략〕 어림한 길이와 실제 길이의 차를 각각 구하자.

답 보라: ____________________, 송화: ____________________

❷ 실제 길이에 더 가깝게 어림한 사람은 누구?

〔전략〕 어림한 길이와 실제 길이의 차가 작을수록
더 가깝게 어림한 것이다.

답 ____________________

쌍둥이 문제 4-1

길이가 **40 cm**인 막대의 길이를/
윤미는 약 **43 cm**, 호영이는 약 **39 cm**로 어림했습니다./
실제 길이에 더 가깝게 어림한 사람은 누구인가요?

대표 문제 따라 풀기

❶

❷

답 ____________________

{ 수학 독해력 완성하기 }

☺ 단위가 같을 때 물건의 길이 비교하기

독해 문제 1

오른쪽은 성민이가 자신의 뼘으로 잰 책상, 텔레비전, 서랍장 긴 쪽의 길이입니다. / 가장 긴 것을 쓰세요.

책상	텔레비전	서랍장
7뼘	8뼘	10뼘

해결해 볼까?

❶ 알맞은 말에 ◯표 하기

> 단위가 같으면
> 잰 횟수가 많을수록 물건의 길이가 (짧다 , 길다).

❷ 책상, 텔레비전, 서랍장 중 가장 긴 것은?

답 ___________________

☺ 선의 길이 구하기

ⓒ 연계학습 084쪽

독해 문제 2

오른쪽 작은 사각형의 한 변의 길이는 1 cm로 모두 같습니다. / 빨간 선과 초록 선 중 더 짧은 선은 어느 색선인가요?

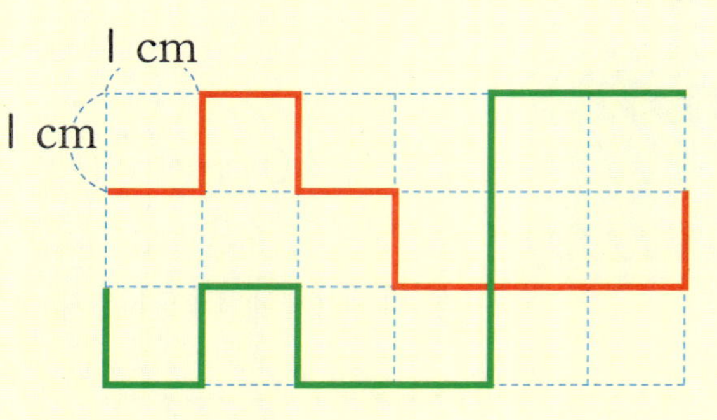

해결해 볼까?

❶ 빨간 선과 초록 선에 있는 1 cm는 각각 몇 개?

답 빨간 선: ___________ , 초록 선: ___________

❷ 빨간 선과 초록 선의 길이는 각각 몇 cm?

답 빨간 선: ___________ , 초록 선: ___________

❸ 더 짧은 선은 어느 색선?

답 ___________________

단위 비교하기

연계학습 086쪽

독해 문제 3

세호, 정민, 주경이는 복도 긴 쪽의 길이를 각자의 걸음으로 재어 보았더니/
세호는 38걸음, 정민이는 40걸음, 주경이는 37걸음이었습니다./
한 걸음의 길이가 가장 긴 사람은 누구인가요?

해결해 볼까?

❶ 알맞은 말에 ◯표 하기

> 같은 곳을 잴 때
> 걸음 수가 (적을수록 , 많을수록) 한 걸음의 길이가 길다.

❷ 한 걸음의 길이가 가장 긴 사람은 누구?

답 ___________________

한 단위를 기준으로 길이 나타내기

독해 문제 4

소시지의 길이는 초코바로 **4**번 잰 길이와 같고,/
초코바의 길이는 젤리로 **2**번 잰 길이와 같습니다./
소시지의 길이는 젤리로 몇 번 잰 길이와 같나요?

해결해 볼까?

❶ 색칠한 젤리의 길이를 기준으로 초코바와 소시지의 길이만큼 색칠하기

젤리의 길이

초코바의 길이

소시지의 길이

❷ 소시지의 길이는 젤리로 몇 번?

전략 ❶에서 젤리의 길이가 1칸일 때 소시지의 길이는 몇 칸인지 알아보자.

답 ___________________

4

길이 재기

{ 수학 독해력 완성하기 }

😊 단위로 물건의 길이 구하기

독해 문제 5

발 길이가 지호는 20 cm, 동생은 15 cm입니다./
장식장 긴 쪽의 길이가 지호의 발 길이로 3번일 때/
동생의 발 길이로는 몇 번인가요?

구하려는 것은? 장식장 긴 쪽의 길이를 동생의 발 길이로 잰 횟수

주어진 것은?
- 발 길이 ➡ 지호: ☐ cm, 동생: ☐ cm
- 장식장 긴 쪽의 길이: 지호의 발 길이로 ☐ 번

어떻게 풀까?
1. 지호의 발 길이와 잰 횟수로 장식장 긴 쪽의 길이를 구한 다음,
2. 장식장 긴 쪽의 길이를 동생의 발 길이로 몇 번인지 똑같은 수의 덧셈으로 구하자.

해결해 볼까?

❶ 장식장 긴 쪽의 길이는 몇 cm?

답 ___________________

❷ 위 ❶에서 구한 길이는 15 cm로 몇 번?

전략 $60=30+30=15+15+15+15$

답 ___________________

❸ 장식장 긴 쪽의 길이는 동생의 발 길이로 몇 번?

답 ___________________

더 가깝게 어림한 사람 찾기

연계학습 087쪽

독해 문제
6

세면대의 높이를 세경이는 **94** cm로 어림하였고, /
진영이는 세경이보다 **16** cm 낮게 어림하였습니다. /
세면대의 실제 높이가 **85** cm라고 할 때 / 누가 더 가깝게 어림했나요?

구하려는 것은? 세면대의 실제 높이에 더 가깝게 어림한 사람

주어진 것은? ● 세면대를 어림한 높이

→ 세경: ☐ cm, 진영: 세경이보다 ☐ cm 낮게 어림함.

● 세면대의 실제 높이: ☐ cm

어떻게 풀까? 1 진영이가 어림한 높이를 구한 다음,
2 실제 높이와 각자 어림한 높이의 차를 구해 더 가깝게 어림한 사람을 찾자.

해결해 볼까?

❶ 진영이가 어림한 높이는 몇 cm?

답 ____________________

❷ 실제 높이와 각자 어림한 높이의 차는 몇 cm?

답 세경 : ____________________ , 진영 : ____________________

❸ 실제 높이에 더 가깝게 어림한 사람은 누구?

전략 실제 높이와 어림한 높이의 차가
작을수록 가깝게 어림한 것이다.

답 ____________________

4

길이 재기

{ 창의·융합·코딩 체험하기 }

[융합①~②] 두 색연필의 길이를 눈으로 어림해 비교해 보고,/ 각각 자로 잰 길이로도 비교해 보려고 합니다./

○ 안에 >, =, <를 알맞게 써넣으세요.

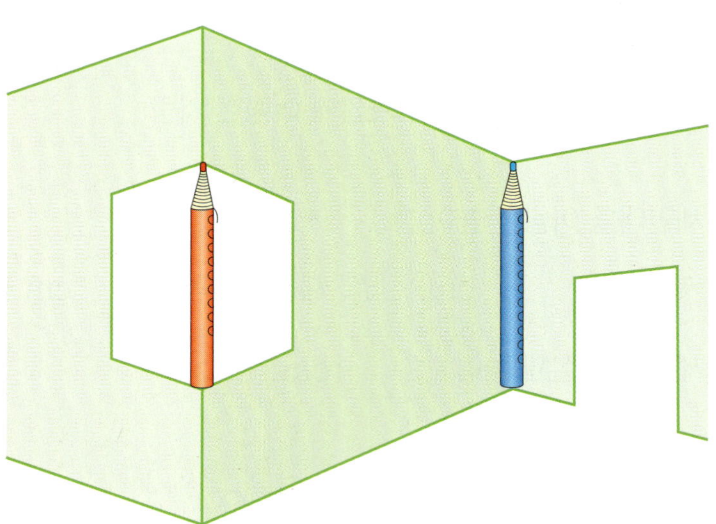

어림한 길이 : ○

자로 잰 길이 : ○

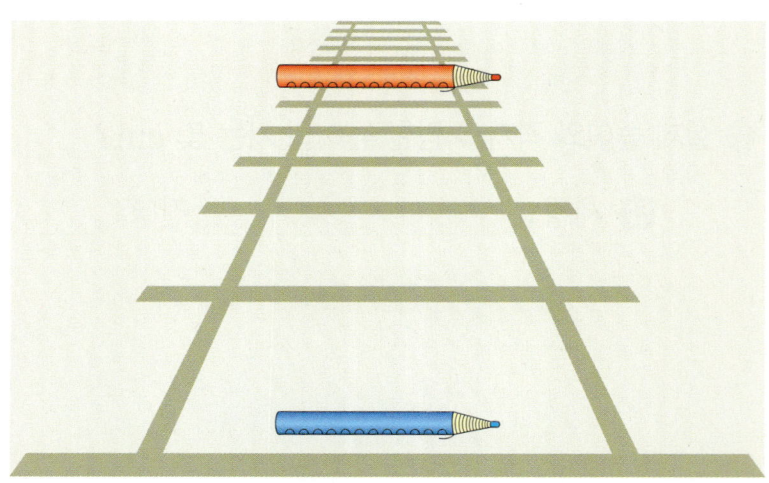

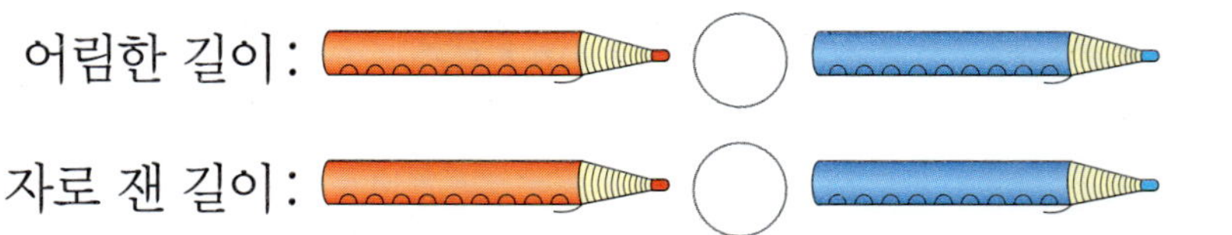

어림한 길이 : ○

자로 잰 길이 : ○

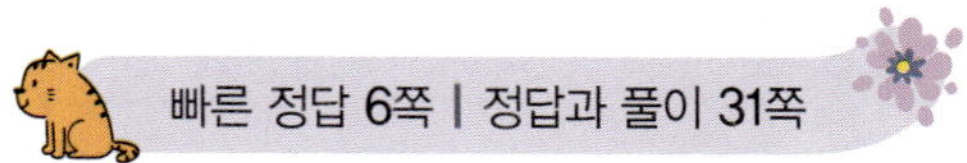

[창의 ③~④] 주사위를 굴려 나온 눈의 수만큼/ 자를 이용하여 선을 긋는 '선 긋기 놀이'를 하려고 합니다./
주어진 순서로 주사위가 나왔을 때/ 선을 그어 보세요.

창의 3

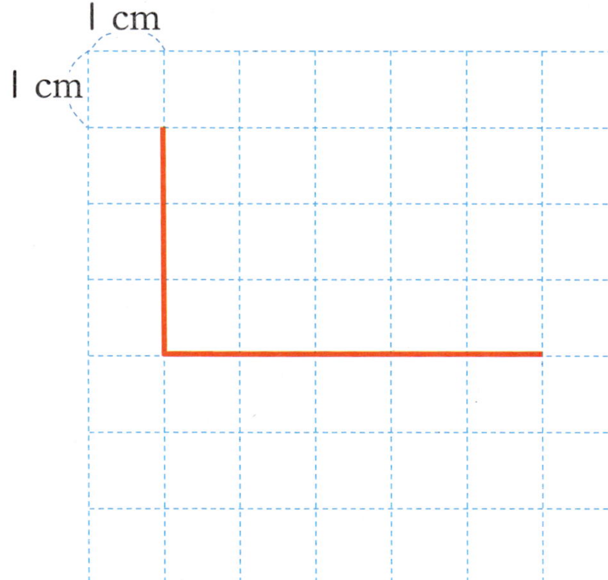

| cm

| cm

창의 4

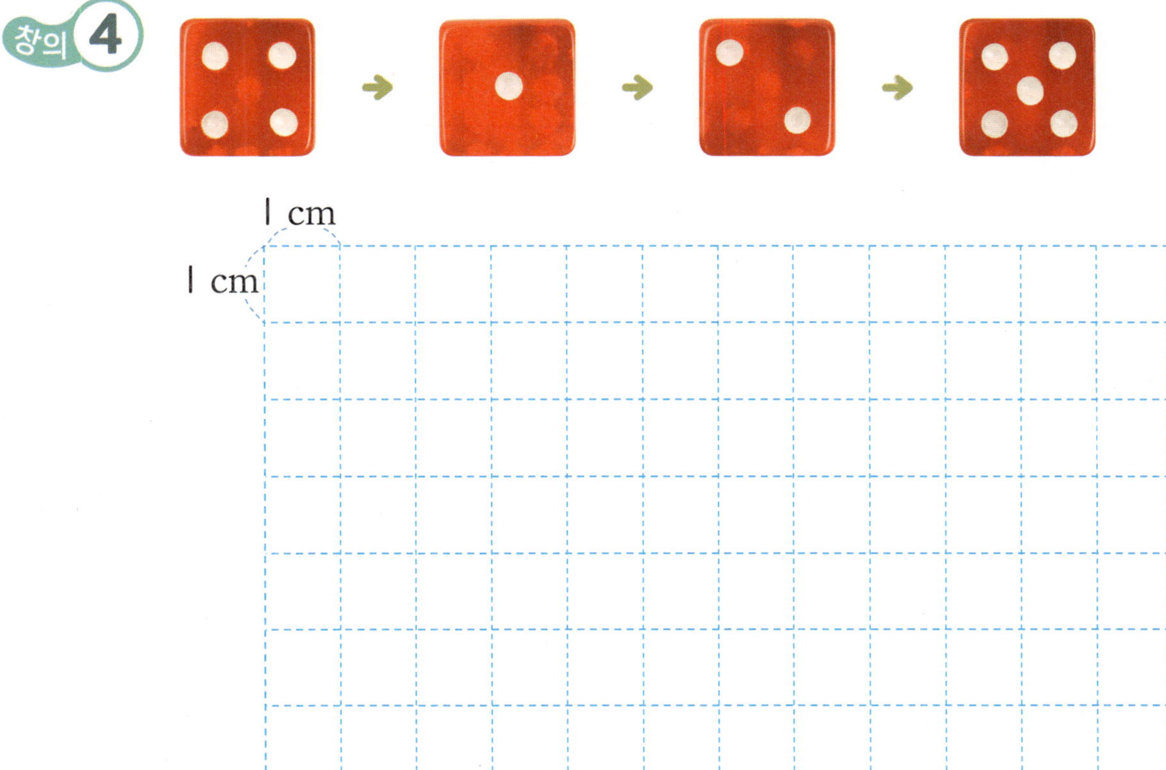

| cm

| cm

{ 창의·융합·코딩 체험하기 }

[코딩 5~6] 개미 명령어를 만들어 보려고 합니다. / 그어진 선을 보고 명령어를 완성하세요.

명령어 안내

- 위쪽으로 3 : 위쪽으로 (↑) 3 cm 선 긋기
- 아래쪽으로 4 : 아래쪽으로 (↓) 4 cm 선 긋기
- 왼쪽으로 3 : 왼쪽으로 (←) 3 cm 선 긋기
- 오른쪽으로 4 : 오른쪽으로 (→) 4 cm 선 긋기

코딩 5

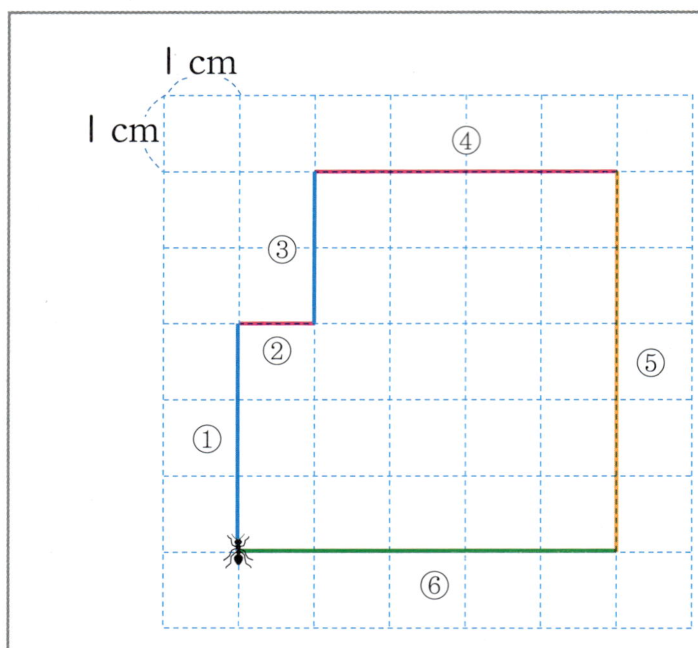

① 위쪽으로 3
② 오른쪽으로 1
③ 위쪽으로 ☐
④ 오른쪽으로 4
⑤ 아래쪽으로 5
⑥ 왼쪽으로 ☐

코딩 6

① 오른쪽으로 4
② 아래쪽으로 4
③ ☐
④ 위쪽으로 3
⑤ 왼쪽으로 2
⑥ ☐

창의 **7** 1 cm, 2 cm, 3 cm 막대가 있습니다. 이 막대들을 〔보기〕와 같이 여러 번 사용하여 색칠하면서 여러 가지 길이를 만드세요.

| 1 cm | 2 cm | 3 cm |

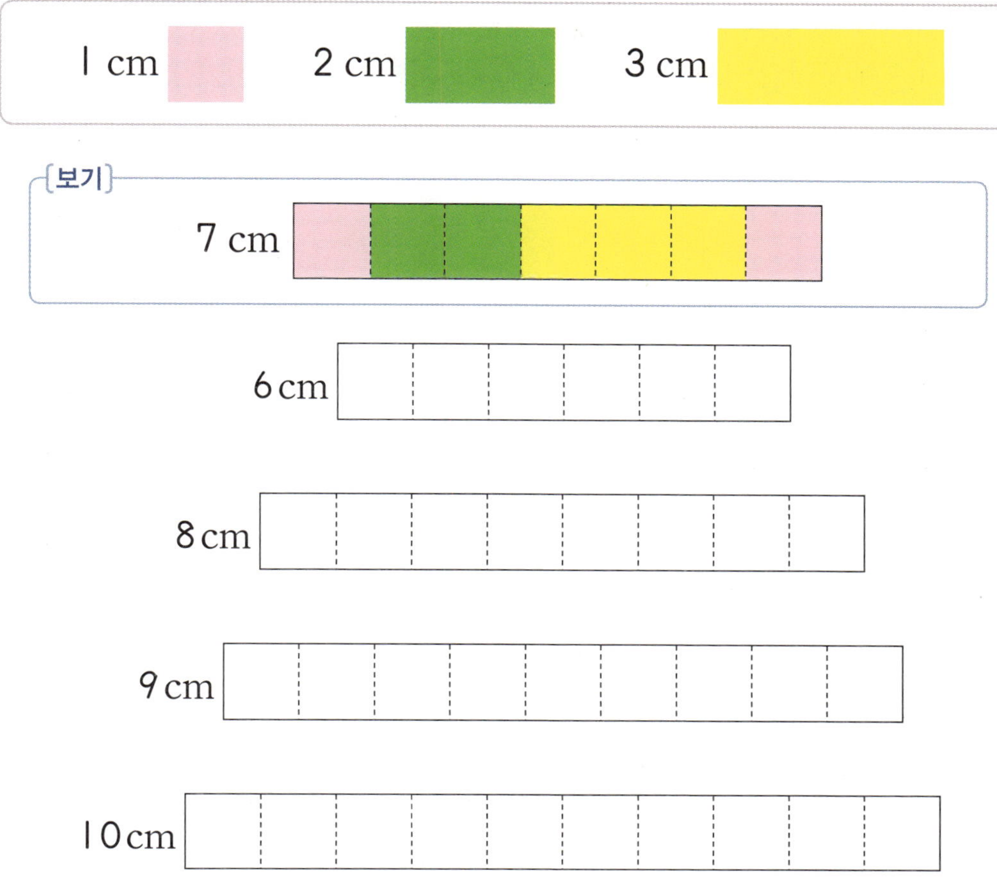

〔보기〕

7 cm

6 cm

8 cm

9 cm

10 cm

95

융합 **8** 신발을 만드는 사람은 길이 재기가 필요한 직업입니다. / 길이 재기가 필요한 이유를 설명하세요.

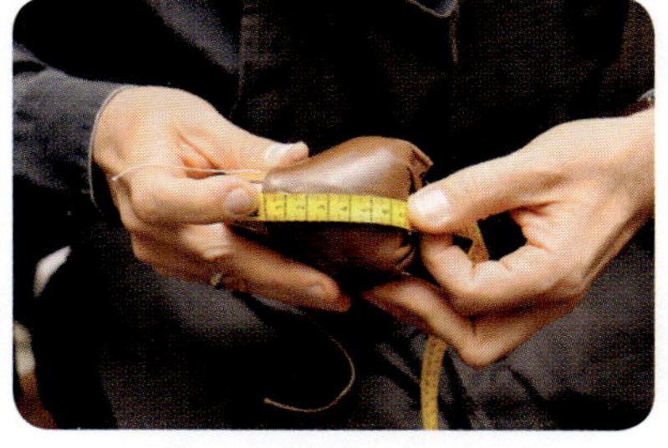
<©yanami/shutterstock>

이유

{ 실전 마무리 하기 }

단위가 같을 때 물건의 길이 비교하기 ○088쪽

1 수진이가 자신의 뼘으로 방문의 높이를 재었더니 12뼘이었고, 책장의 높이를 재었더니 13뼘이었습니다. 방문과 책장 중 어느 것의 높이가 더 높은가요?

풀이

답 _______________

세 물건의 길이 비교하기

2 색연필의 길이는 1 cm로 15번, 가위의 길이는 1 cm로 17번, 필통의 길이는 1 cm로 20번입니다. 길이가 긴 순서대로 쓰세요.

풀이

답 _______________

단위와 잰 횟수의 관계

3 가위와 지우개로 칠판 긴 쪽의 길이를 재려고 합니다. 어느 것으로 잴 때 더 많이 재어야 하나요?

풀이

답 _______________

선의 길이 구하기 084쪽

4 작은 사각형의 한 변의 길이는 1 cm로 모두 같습니다. 빨간 선의 길이는 모두 몇 cm 인가요?

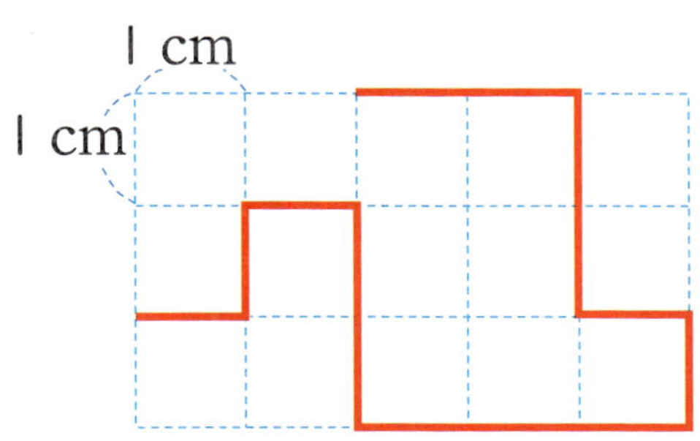

풀이

답 ________________________

잰 횟수가 같고 단위가 다를 때 물건의 길이 비교하기 085쪽

5 더 긴 치마를 가지고 있는 사람은 누구인가요?

> • 하나 : 내 치마의 길이는 내 실내화로 4번이야.
> • 민경 : 내 치마의 길이는 풀로 4번이야.

풀이

답 ________________________

{ 실전 **마무리** 하기 }

단위 비교하기 ⟳086쪽

6 준현이와 민경이가 놀이터에 있는 시소의 길이를 자신의 걸음으로 재어 보았더니 준현이는 3걸음, 민경이는 5걸음이었습니다. 한 걸음의 길이가 더 짧은 사람은 누구인가요?

풀이

답 ______________

더 가깝게 어림한 사람 찾기 ⟳087쪽

7 높이가 80 cm인 장식장의 높이를 소진이는 약 76 cm, 유화는 약 82 cm로 어림했습니다. 실제 높이에 더 가깝게 어림한 사람은 누구인가요?

풀이

답 ______________

1 cm의 개수로 길이 비교하기

8 ㉠과 ㉡ 중 더 긴 것의 기호를 쓰세요.

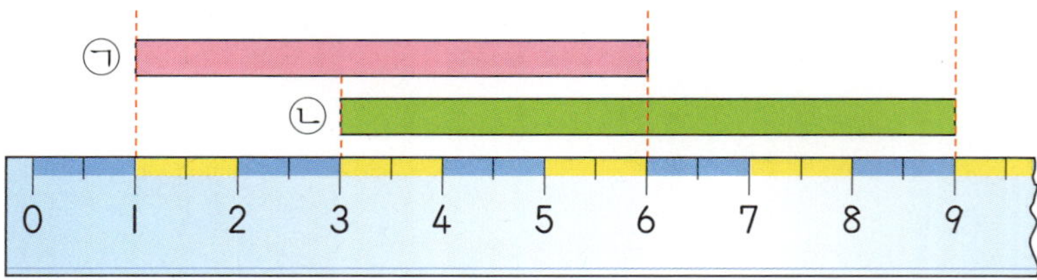

풀이

답 

단위로 물건의 길이 구하기 ⟲090쪽

9 리모컨의 길이는 16 cm, 우산의 길이는 20 cm입니다. 텔레비전 긴 쪽의 길이가 리모컨으로 5번일 때 우산으로는 몇 번인가요?

풀이

답 ___________________

더 가깝게 어림한 사람 찾기 ⟲091쪽

10 식탁의 높이를 주하는 70 cm로 어림하였고, 태우는 주하보다 12 cm 높게 어림하였습니다. 식탁의 실제 높이가 75 cm라고 할 때 누가 더 가깝게 어림했나요?

풀이

답 ___________________

5 분류하기

코끼리

타조

사슴

닭

독수리

정답 확인 »

9월

일	월	화	수	목	금	토
	1 ☀	2 ☀	3 ☀	4 ☀	5 ☂	6 ☀
7 ☀	8 ☂	9 ☀	10 ☀	11 ☁	12 ☀	13 ☀
14 ☀	15 ☀	16 ☁	17 ☀	18 ☁	19 ☂	20 ☀
21 ☁	22 ☀	23 ☀	24 ☁	25 ☀	26 ☀	27 ☁
28 ☂	29 ☂	30 ☀				

☀ : 맑은 날   ☁ : 흐린 날   ☂ : 비 온 날

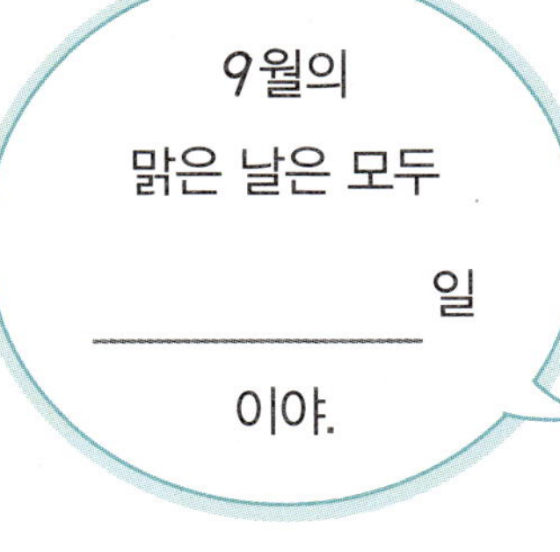

문제 해결력 기르기

① 분류 기준 알아보기

- 분류 기준 찾기

  분류한 것을 보고 분류 기준을 찾을 때에는 **분류한 것들끼리 공통점**을 찾아보자.

  예 단추를 분류한 것을 보고 분류 기준 찾기

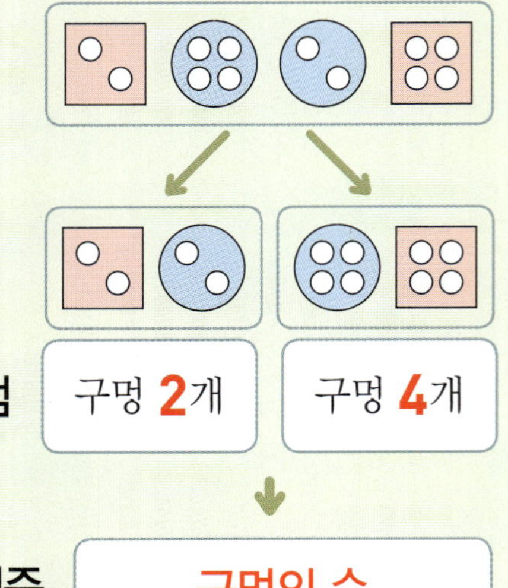

공통점　구멍 **2**개　　구멍 **4**개

분류 기준　구멍의 수

분류한 것을 보고 공통점을 찾아보세요.

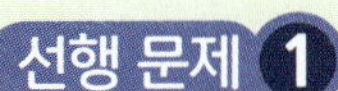

풀이　의 공통점: [　] 색

의 공통점: [　] 색

쿠키를 분류할 수 있는 기준을 써 보세요.

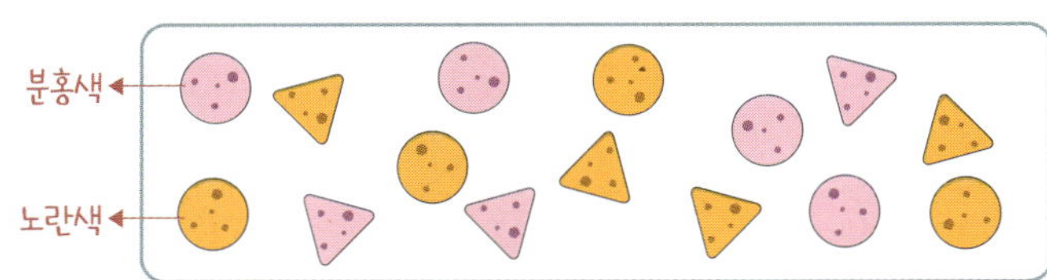

전략 분류한 쿠키끼리 공통점을 찾아보자.　　　　다르게 풀기

❶
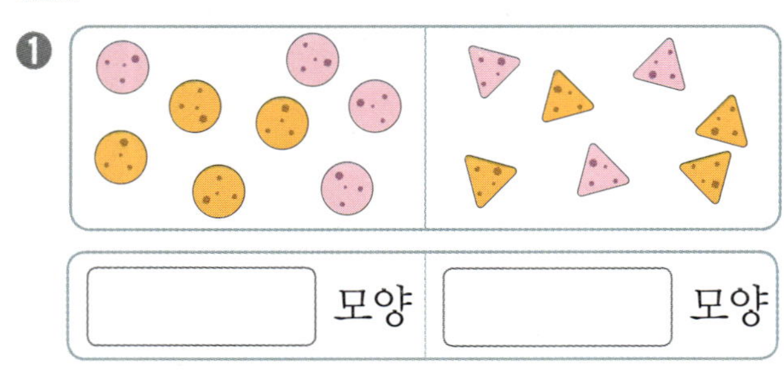

[　] 모양　　[　] 모양

❶
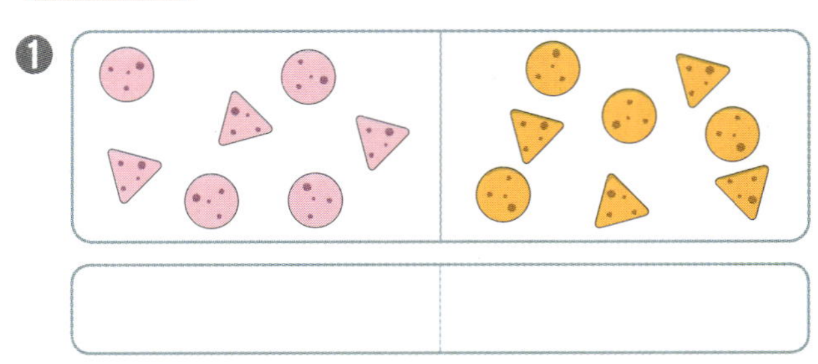

[　]

❷ ❶에서 분류한 기준: [　]　　　　❷ ❶에서 분류한 기준: [　]

② 자료를 분류하여 그 수를 세어 보고 비교하기

예 도형을 모양에 따라 분류하고 그 수를 세어 보기

모양	⭐	💛	🔺
세면서 표시하기	✓✓	✓✓✓✓	✓✓
도형 수(개)	2	4	2

과일을 종류에 따라 분류하고 그 수를 세어 보세요.

종류	사과	귤	바나나
세면서 표시하기	✓✓✓✓	✓✓✓	✓✓✓
과일 수(개)	4		

마트에 있는 우유입니다. /
수가 가장 많은 우유의 맛은 어떤 맛인지 알아보세요.

전략 우유를 빠짐없이 분류하기 위해 세면서 표시해 보자.

❶ 우유를 맛에 따라 분류하기

맛	딸기	초콜릿	바나나
세면서 표시하기	✓✓✓✓ ✓✓✓✓	✓✓✓✓ ✓✓✓✓	✓✓✓✓ ✓✓✓✓
우유 수(개)			

전략 맛별로 우유의 수를 비교해 보자.

❷ 수가 가장 많은 우유의 맛: ☐ 맛

답 _______________

③ 잘못 분류된 것 찾기

예 잘못 모은 붙임딱지 찾기

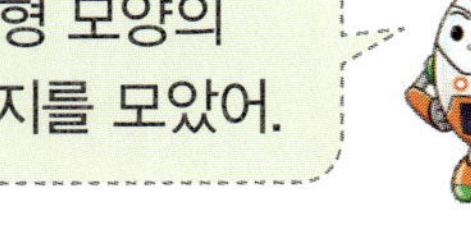

 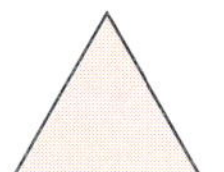 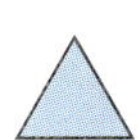

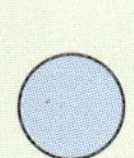 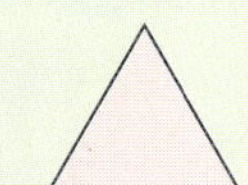 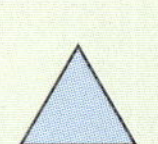

삼각형　　원　　삼각형　　삼각형

➡ 잘못 모은 붙임딱지 : ○

분류 기준에 따라 <u>잘못</u> 모은 동물을 찾아보세요.

분류 기준	다리가 2개인 동물

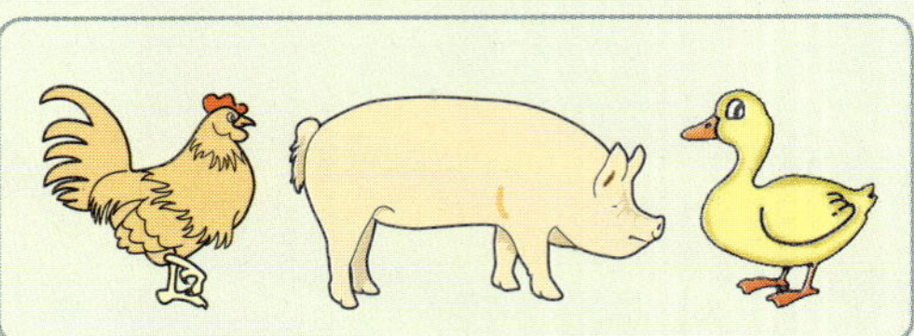

풀이 닭의 다리 수 : ☐ 개

돼지의 다리 수 : ☐ 개

오리의 다리 수 : ☐ 개

➡ 잘못 모은 동물 : ☐

이용하는 장소에 따라 <u>잘못</u> 분류된 탈것을 찾아 이름을 써 보세요.

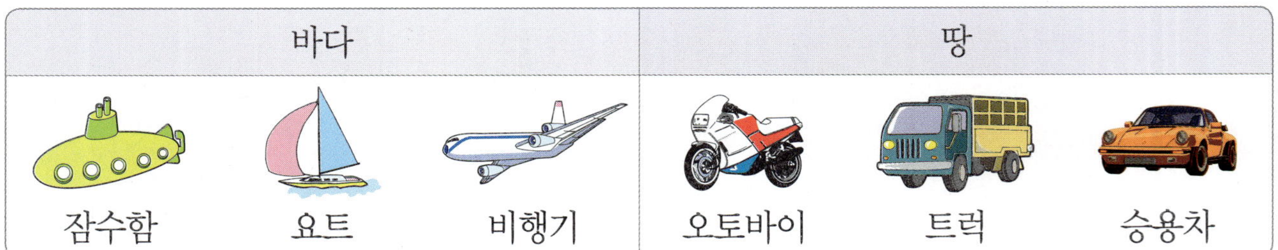

바다			땅		
잠수함	요트	비행기	오토바이	트럭	승용차

❶ 각각의 탈것을 이용하는 장소

- 잠수함 ➡ 바다,　요트 ➡ ☐,　비행기 ➡ ☐

- 오토바이 ➡ 땅,　트럭 ➡ ☐,　승용차 ➡ ☐

전략 분류된 표와 ❶에서 답한 장소를 비교하여 잘못 분류된 탈것을 찾아보자.

❷ 잘못 분류된 탈것의 이름 : ☐

답 ＿＿＿＿＿＿＿＿＿＿＿＿

4 두 가지 기준으로 분류하기

선행 문제 해결 전략

- 두 가지 기준으로 분류하는 순서
  ① **한 가지 기준으로 먼저 분류**한 후
  ② 그 결과를 **나머지 기준으로 분류**한다.

예 **주황색**인 **사각형** 찾기

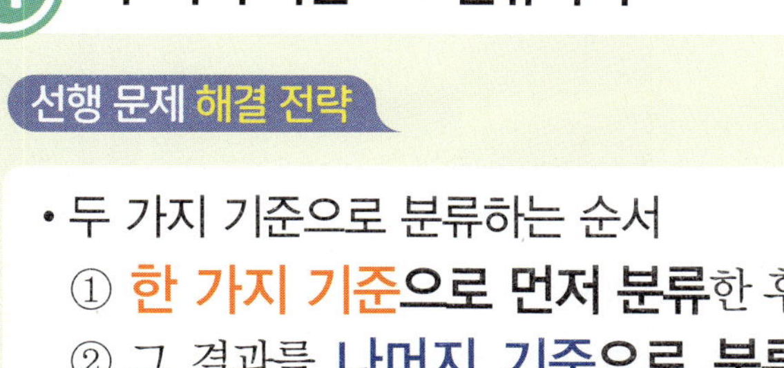

기준 ①: 주황색 도형 찾기
기준 ②: 사각형 찾기

선행 문제 4

우산을 길이와 색깔에 따라 분류해 보세요.

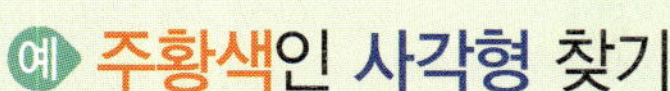

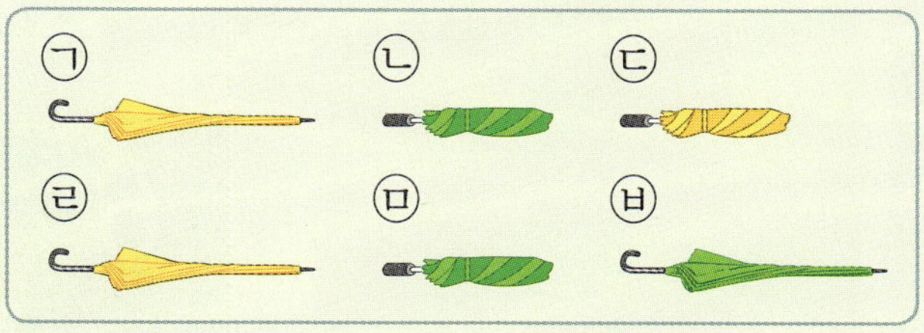

㉠
㉡
㉢
㉣
㉤
㉥

풀이

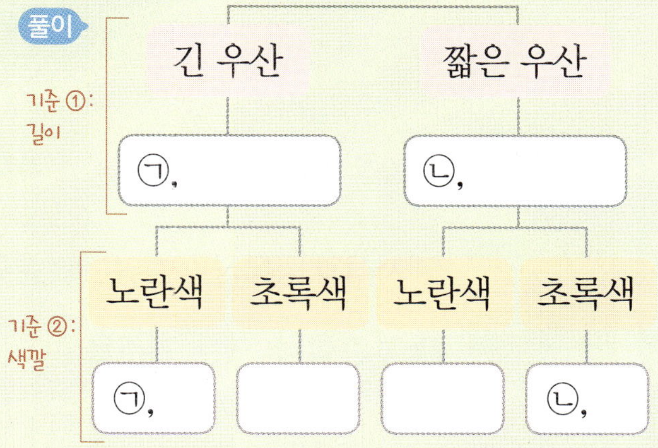

긴 우산
짧은 우산
기준 ①: 길이
㉠,
㉡,
노란색
초록색
노란색
초록색
기준 ②: 색깔
㉠,
㉡,

실행 문제 4

아래에 입는 파란색 옷을 모두 찾아 기호를 써 보세요.

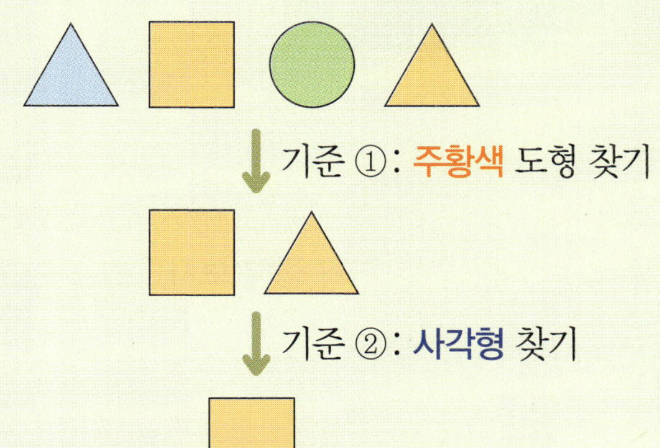

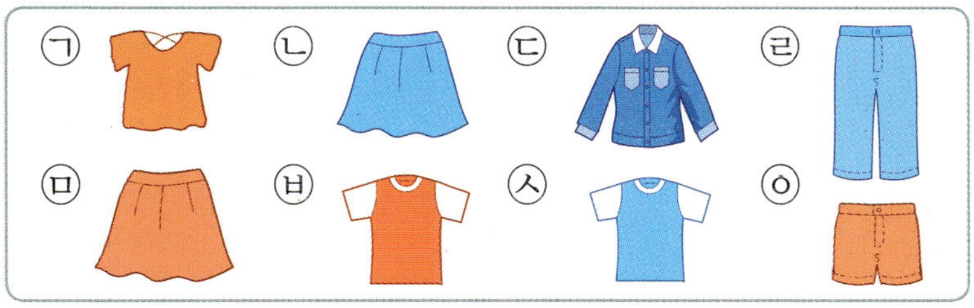

㉠
㉡
㉢
㉣
㉤
㉥
㉦
㉧

전략 위와 아래에 입는 옷으로 분류해 보자.

❶ 아래에 입는 옷을 모두 찾아 ○표 하기

전략 ❶에서 분류한 옷을 색깔에 따라 분류해 보자.

❷ ❶에서 ○표 한 옷 중 파란색 옷을 찾아 기호 쓰기: ☐, ☐

답 ____________________

{ 수학 사고력 키우기 }

분류 기준 알아보기

연계학습 102쪽

대표 문제 1

칠판에 여러 가지 자석이 붙어 있습니다. /
자석을 분류할 수 있는 기준을 두 가지 써 보세요.

구하려는 것은?

자석을 분류할 수 있는 ☐ 가지 기준

어떻게 풀까?

① 자석의 공통점을 찾아 ② 분류할 수 있는 기준을 두 가지 정해 보자.

해결해 볼까?

❶ 분류할 수 있는 기준을 한 가지 찾아보면?

전략 ▶ 어느 누가 분류해도 결과가 같도록
분명한 기준을 정해 보자.

답 _______________

❷ ❶과 다르게 분류할 수 있는 기준은?

답 _______________

5

분류하기

쌍둥이 문제 1-1

도넛을 분류할 수 있는 기준을 두 가지 써 보세요.

대표 문제 따라 풀기

❶ 분류 기준 1

❷ 분류 기준 2

자료를 분류하여 그 수를 세어 보고 비교하기

연계학습 103쪽

대표 문제 2

어머니께서 만든 빵입니다. / 만든 수가 가장 적은 빵은 무엇인지 알아보세요.

구하려는 것은?

만든 수가 가장 [ ] 빵

어떻게 풀까?

1 종류에 따라 빵을 분류한 후, 2 빵의 수를 세어 비교해 보자.

해결해 볼까?

❶ 종류에 따라 빵을 분류하면?

종류	팥빵	도넛	식빵	피자빵
세면서 표시하기				
빵 수(개)				

❷ 만든 수가 가장 적은 빵은?

전략 > 빵의 수를 비교해 보자.

답 ____________________

쌍둥이 문제 2-1

민주가 가지고 있는 학용품입니다. / 수가 가장 적은 학용품의 이름을 써 보세요.

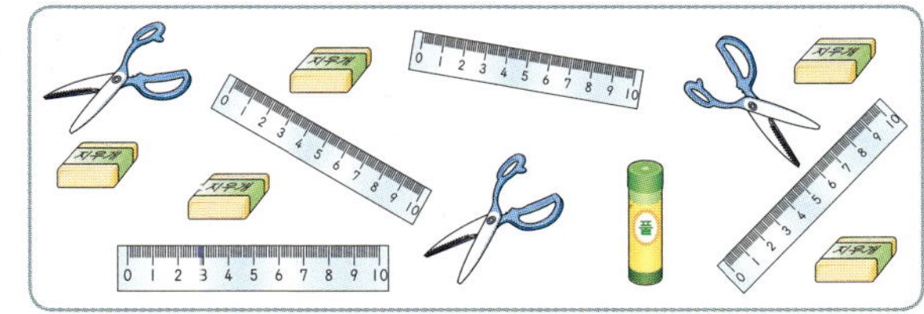

대표 문제 따라 풀기

❶

❷

답 ____________________

{ 수학 **사고력** 키우기 }

😊 잘못 분류된 것 찾기

G 연계학습 104쪽

대표 문제 ❸ 오른쪽 냉장고에서 잘못 분류된 것을 찾고/ 바르게 고쳐 보세요.

😊 **구하려는 것은?** 잘못 분류된 것을 찾고 바르게 고치기

🐻 **주어진 것은?**
- 위에서 첫 번째 칸: 음료 칸
- 위에서 두 번째 칸: [　　　] 칸
- 위에서 세 번째 칸: [　　　] 칸

😊 **해결해 볼까?**

❶ 냉장고에서 잘못 분류된 칸은?

〔전략〕 각 칸에 놓인 것을 살펴보자.

답 ＿＿＿＿＿＿＿＿＿ 칸

❷ 잘못 분류된 것은 무엇이고, 옮겨야 하는 칸은?

답 [　　　]를 [　　　] 칸으로 옮겨야 한다.

쌍둥이 문제 3-1

주방에 있는 물건을 종류에 따라 정리했습니다./
잘못 분류된 물건을 찾아 기호를 쓰고, 바르게 고쳐 보세요.

😊 **대표 문제 따라 풀기**

❶

❷

답 [　　　]을 [　　　] 칸으로 옮겨야 한다.

😊 두 가지 기준으로 분류하기

연계학습 105쪽

대표 문제 4 사각형 모양이고 구멍이 **4**개인 단추는 모두 몇 개인가요?

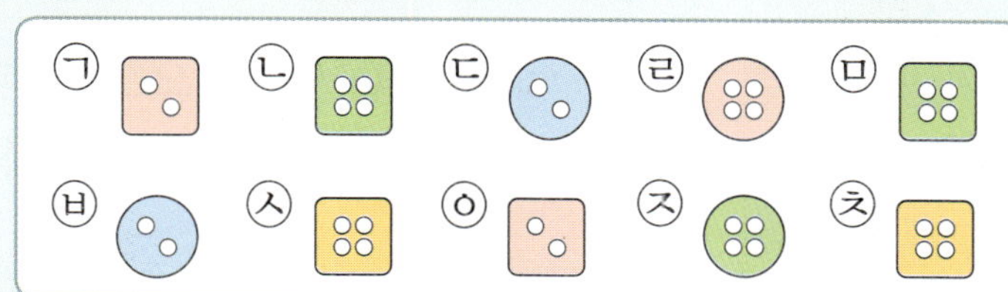

😊 **구하려는 것은?**

[　　　　] 모양이고 구멍이 [　] 개인 단추의 수

😄 **어떻게 풀까?**

1 단추를 모양에 따라 분류한 후,

2 1의 단추를 구멍의 수에 따라 분류하여 구하려는 단추의 수를 세어 보자.

😊 **해결해 볼까?**

❶ 사각형 모양의 단추를 모두 찾아 ○표 하면?

전략 ▷ 단추를 모양에 따라 분류해 보자.

❷ ❶에서 ○표 한 단추 중 구멍이 **4**개인 단추를 모두 찾아 기호를 쓰면?

전략 ▷ ❶에서 분류한 단추 중 구멍이 4개인 단추를 찾아보자.

답 ____________________

❸ 사각형 모양이고 구멍이 **4**개인 단추는 모두 몇 개?

답 ____________________

쌍둥이 문제 4-1

빨간색이고 털이 없는 카드는 모두 몇 장인가요?

ㄱ　ㄴ　ㄷ　ㄹ　ㅁ　ㅂ　ㅅ　ㅇ　ㅈ　ㅊ

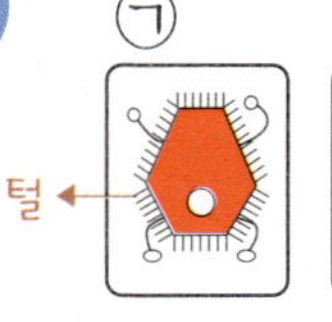

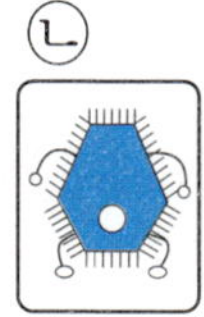

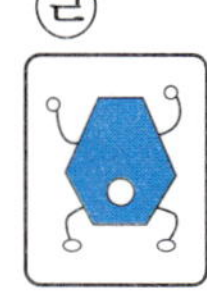
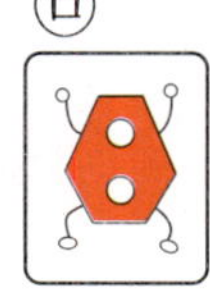

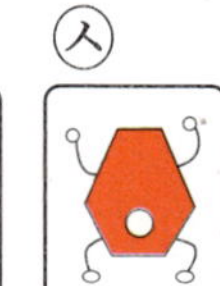

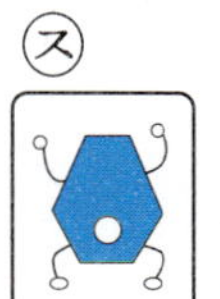
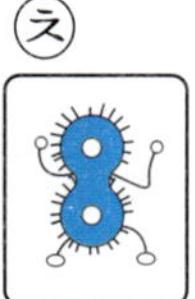

🐻 **대표 문제 따라 풀기**

❶

❷

❸

답 ____________________

{ 수학 독해력 완성하기 }

분류 기준 알아보기

연계학습 106쪽

독해 문제 1

왼쪽 인형을 예쁜 인형과 예쁘지 않은 인형으로 분류했을 때/
분류 기준으로 알맞은지, 알맞지 않은지 쓰고, 그 이유를 써 보세요.

답 ____________________

이유 ____________________

더 사야 하는 것 구하기

독해 문제 2

과일을 종류에 따라 분류하였습니다./
과일의 수가 종류별로 같으려면/
더 사야 하는 과일은 무엇인가요?

종류	사과	귤	감	배
과일 수(개)	12	12	8	12

해결해 볼까? ❶ 수가 같은 과일은?

답 사과, ☐, ☐

❷ 과일의 수가 종류별로 같으려면 더 사야 하는 과일은?

답 ____________________

자료를 분류하여 그 수를 세어 보고 비교하기

연계학습 107쪽

독해 문제 3

카드를 색깔에 따라 분류하여 세어 /
어느 색깔의 카드가 가장 많은지 쓰세요.

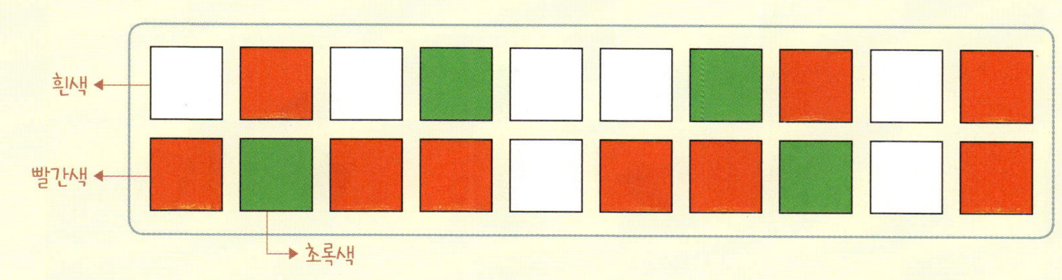

구하려는 것은? 가장 많은 카드의 색깔

주어진 것은? 흰색 카드, 빨간색 카드, [   ] 카드

어떻게 풀까?
1 카드를 색깔에 따라 분류하여 세어
2 그 수 중 가장 큰 수를 찾아보자.

해결해 볼까?

❶ 흰색 카드는 몇 장?

답 ____________________

❷ 빨간색 카드는 몇 장?

답 ____________________

❸ 초록색 카드는 몇 장?

답 ____________________

❹ 가장 많은 카드의 색깔은 무슨 색?

답 ____________________

{ 수학 독해력 완성하기 }

두 가지 기준으로 분류하기

연계학습 109쪽

독해 문제 4

두 가지 기준을 만족하는 누름 못은/
모두 몇 개인가요?

기준1 빨간색 누름 못입니다.

기준2 ☐ 모양의 누름 못입니다.

5

분류하기

구하려는 것은? 두 가지 기준을 만족하는 누름 못의 개수

주어진 것은? 기준1 : [ ]색 누름 못, 기준2 : ☐ 모양의 누름 못

어떻게 풀까?
1 빨간색 누름 못을 찾고
2 그중에서 ☐ 모양의 누름 못을 찾아보자.

해결해 볼까?

❶ 빨간색 누름 못을 모두 찾아 기호를 쓰면?

답 ______________________

❷ ❶에서 답한 누름 못 중 ☐ 모양의 누름 못을 모두 찾아 기호를 쓰면?

답 ______________________

❸ 두 가지 기준을 모두 만족하는 누름 못은 모두 몇 개?

답 ______________________

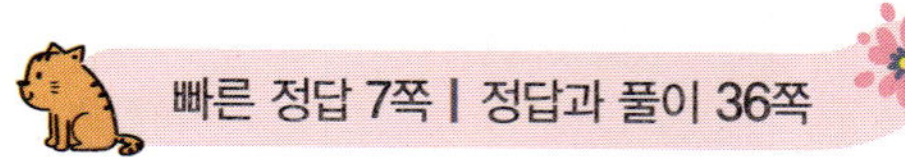

가장 많이 준비해야 하는 것 구하기

독해 문제 5

어느 가게에서 어제 팔린 아이스크림을 조사하였습니다. /
가게 주인이 아이스크림을 많이 팔기 위해서 /
오늘 가장 많이 준비해야 하는 아이스크림은 어느 맛인가요?

구하려는 것은? 가장 많이 준비해야 하는 아이스크림 맛

주어진 것은? 어제 팔린 아이스크림:

초콜릿 맛, 오렌지 맛, 멜론 맛, ☐ 맛 아이스크림

어떻게 풀까?
1 아이스크림을 맛에 따라 분류하여 세어
2 그 수를 비교하여 가장 많은 아이스크림을 찾아
3 가장 많이 준비해야 하는 아이스크림 맛을 알아보자.

해결해 볼까?

❶ 어제 팔린 아이스크림을 맛에 따라 분류하고 그 수를 세어 표를 완성하면?

맛	초콜릿 맛	오렌지 맛	멜론 맛	딸기 맛
아이스크림 수(개)				

❷ 어제 가장 많이 팔린 아이스크림은 어떤 맛?

답 _______________

❸ 오늘 가장 많이 준비해야 하는 아이스크림은 어떤 맛?

답 _______________

{ 창의·융합·코딩 체험하기 }

창의 **1** 은서와 윤우는 카드 마술을 하고 있습니다. /
윤우는 5장의 카드 중 1장을 마음 속으로 선택했습니다. /
은서와 윤우의 대화를 읽고 윤우가 마음 속으로 선택한 카드를 찾아 기호를 써 보세요.

답 ______________________

창의 **2** 버튼을 누르면 '마법의 통' 안에 있는 도형이 모양에 따라 분류되어 도형의 이름에 맞는 상자로 들어갑니다. /
마법의 통에 들어 있는 도형이 모두 분류되어 상자에 들어 갔을 때 /
사각형 상자에 들어 있는 도형은 모두 몇 개인가요?

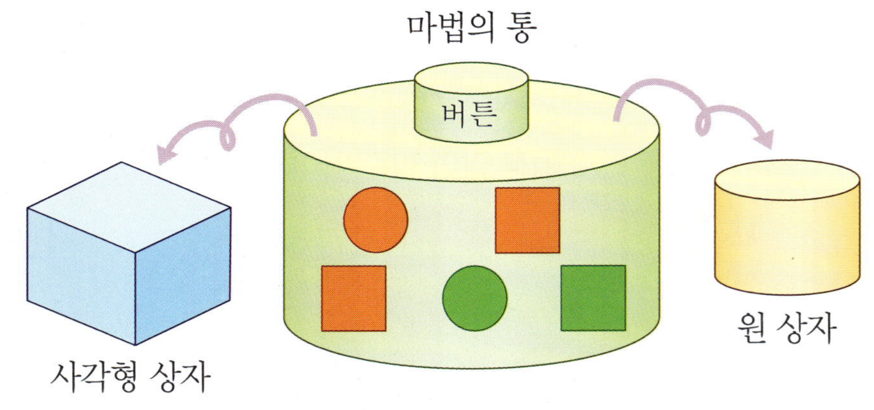

답 ______________________

3 오케스트라는 여러 가지 악기가 한 곳에 모여 연주하는 것입니다.
오케스트라에서 악기의 위치는 다음과 같습니다.

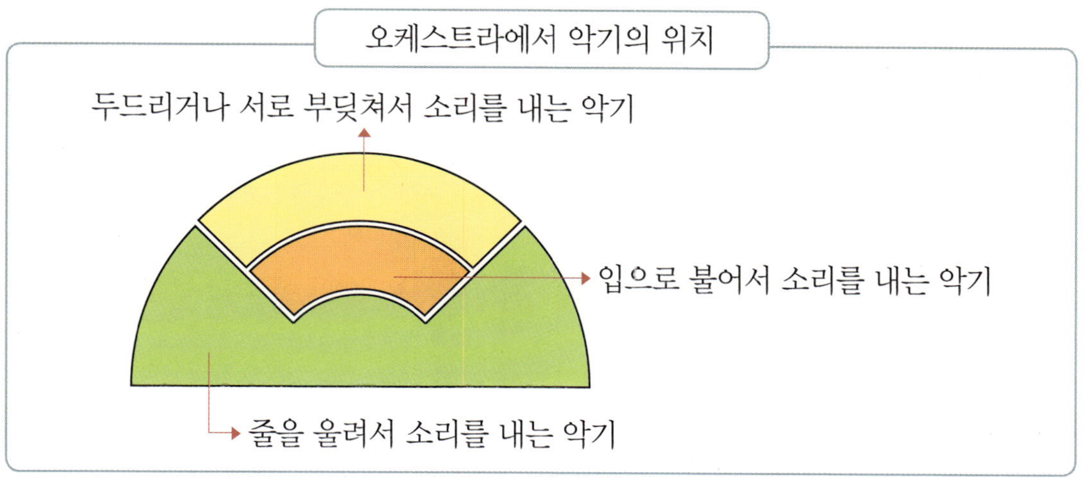

정해진 악기의 위치에 맞게 다음 악기들을 놓으려고 합니다.
☐ 안에 알맞은 기호를 써넣으세요.

㉠ 트럼펫	㉡ 심벌즈	㉢ 바이올린	㉣ 북	㉤ 첼로	㉥ 플루트

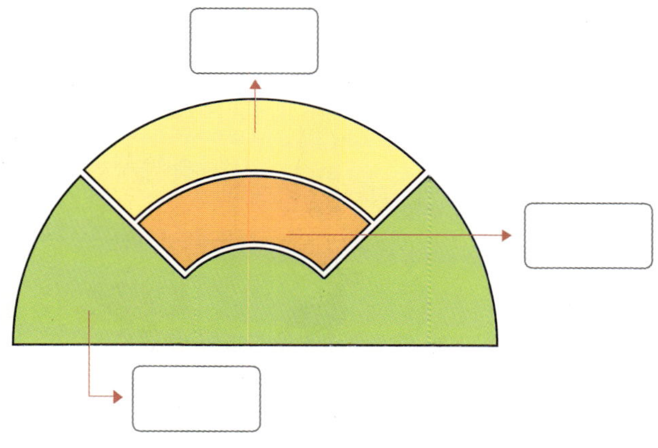

{ 창의·융합·코딩 **체험**하기 }

오늘 천재 마트에서 먹거리를 〔보기〕만큼 준비했습니다. /
먹거리를 종류에 따라 분류하여 각 코너에서 팔았을 때 /
빵 코너에서 빵이 다 팔렸습니다. /
팔린 빵은 모두 몇 개인가요?

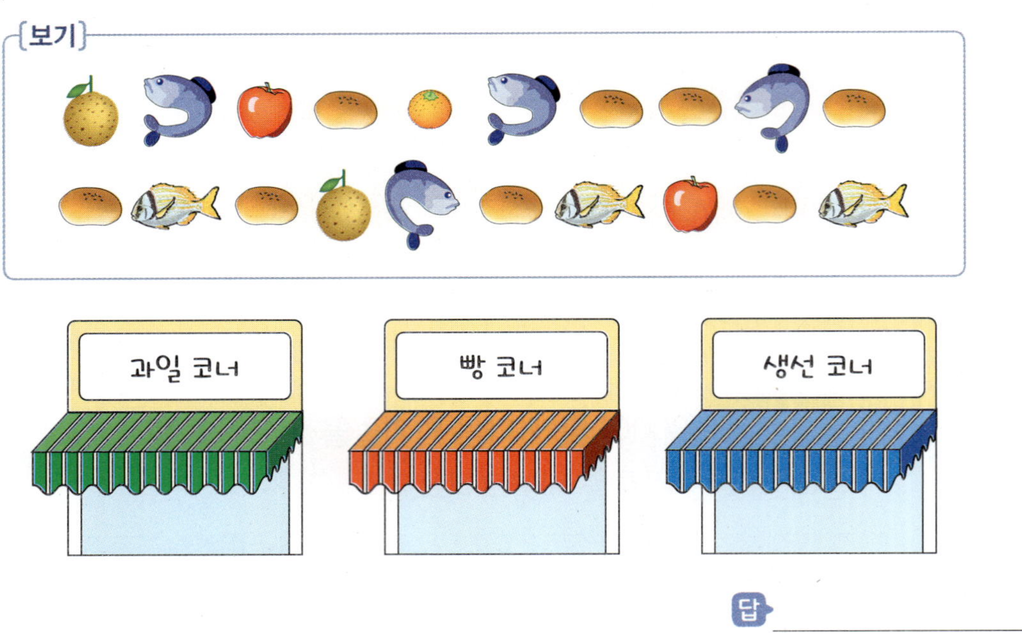

답 _______________

다리가 4개인 동물이 있는 칸을 모두 찾아 색칠하려고 합니다. /
색칠된 칸을 글자로 나타내면 어떤 글자인가요?

답 _______________

[코딩 6~7] 다음 명령에 따라 쿠키를 분류해 보세요.

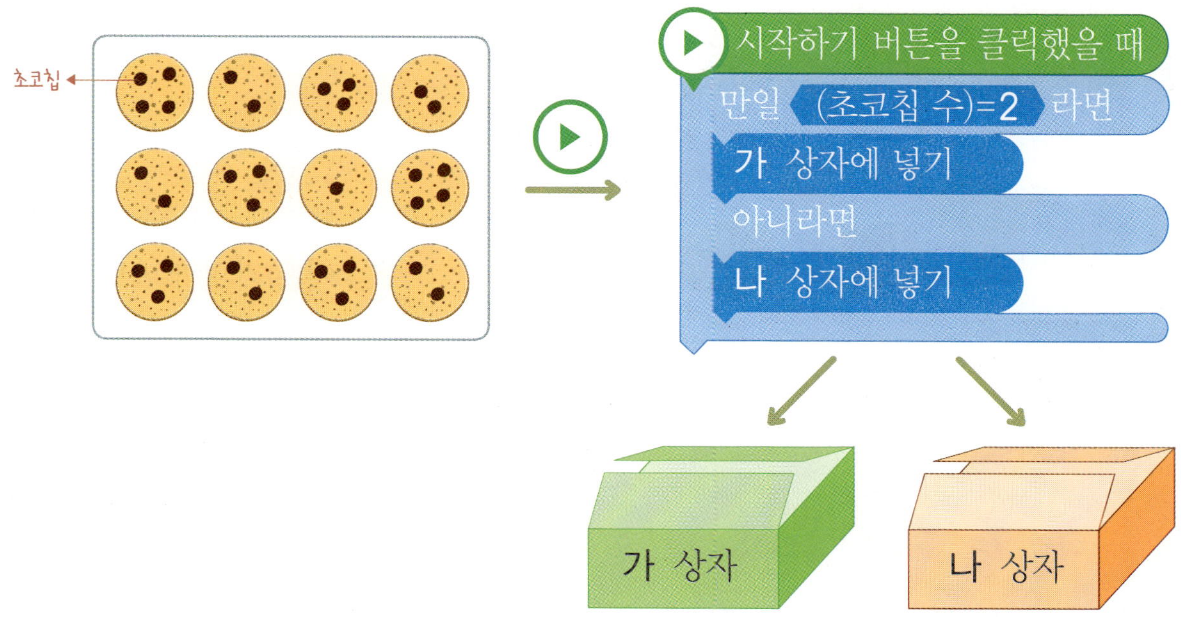

코딩 **6** 명령에 따라 쿠키를 분류했을 때 /
가 상자에 들어 있는 쿠키는 몇 개인가요?

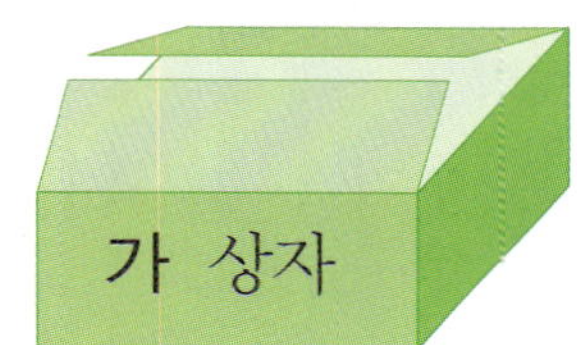

답 ______________________

코딩 **7** 명령에 따라 쿠키를 분류했을 때 /
나 상자에 들어 있는 쿠키는 몇 개인가요?

답 ______________________

실전 마무리 하기

분류 기준 알아보기 ⟳102쪽

1 분류 기준으로 알맞은 것을 찾아 기호를 써 보세요.

ㄱ 맛있는 과일과 맛없는 과일
ㄴ 빨간색 과일과 노란색 과일
ㄷ 예쁜 과일과 예쁘지 않은 과일

풀이

답 ___________________

자료를 분류하여 그 수를 세어 보기

2 분류 기준에 따라 오른쪽 조각을 분류하려고 합니다. 표를 완성해 보세요.

분류 기준	도형의 이름

도형의 이름	삼각형	사각형
조각 수(개)		

분류 기준 알아보기 ⟳106쪽

3 동물을 분류할 수 있는 기준을 두 가지 써 보세요.

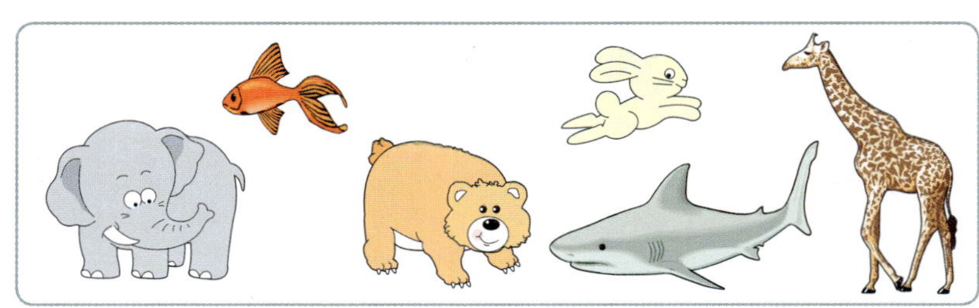

답 ___________________ , ___________________

더 사야 하는 것 구하기 110쪽

4 체육관에 있는 공을 종류에 따라 분류하였습니다. 공의 수가 종류별로 같으려면 더 사야 하는 공은 무엇인가요?

종류	농구공	축구공	배구공	야구공
공의 수(개)	11	11	10	11

풀이

답 ____________________

잘못 분류된 것 찾기 108쪽

5 신발장에서 잘못 분류된 신발을 찾아 기호를 쓰고, 바르게 고쳐 보세요.

풀이

답 ☐ 을 ☐ 칸으로 옮겨야 한다.

자료를 분류하여 그 수를 세어 보고 비교하기 ↻111쪽

6　카드를 색깔에 따라 분류하여 세어 어느 색깔의 카드가 가장 적은지 쓰세요.

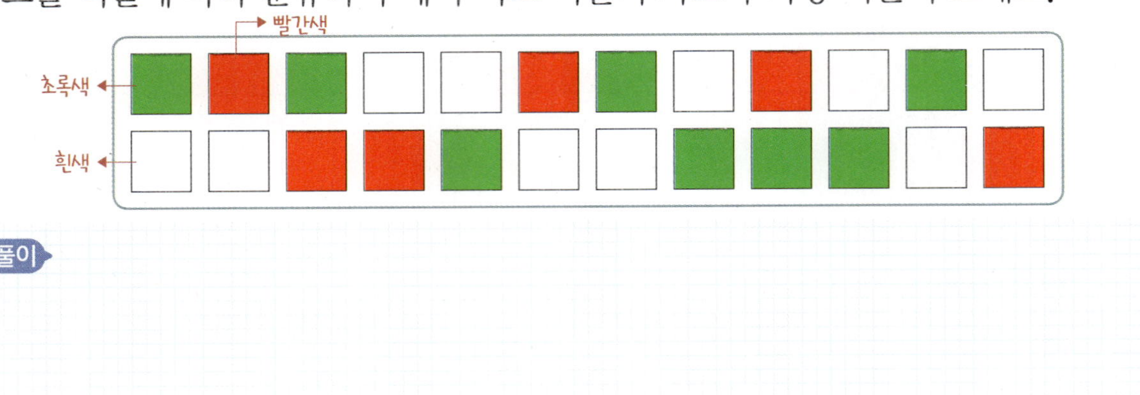

풀이

답 ___________________

[7 ~ 8]　화분에 핀 꽃을 보고 물음에 답하세요.

두 가지 기준으로 분류하기 ↻109쪽

7　초록색 화분에 노란색 꽃이 핀 것을 모두 찾아 기호를 써 보세요.

풀이

답 ___________________

두 가지 기준으로 분류하기 ↻112쪽

8　오른쪽 두 가지 기준을 만족하는 것은 모두
몇 개인가요?

기준1 노란색 화분입니다.

기준2 빨간색 꽃이 핀 화분입니다.

풀이

답 ___________________

자료를 분류하여 그 수를 세어 보고 비교하기 107쪽

9 6월에는 날씨가 어떤 날이 가장 많았나요?

6월

일	월	화	수	목	금	토
					1	2
3	4	5	6	7	8	9
10	11	12	13	14	15	16
17	18	19	20	21	22	23
24	25	26	27	28	29	30

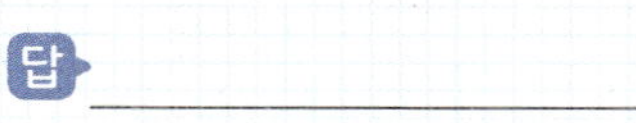

 풀이

답 _______________

가장 많이 준비해야 하는 것 구하기 113쪽

10 어느 문구점에서 어제 팔린 학용품을 조사하였습니다. 가게 주인이 학용품을 많이 팔기 위해서 오늘 가장 많이 준비해야 하는 학용품은 무엇인가요?

 풀이

답 _______________

FUN 한 이야기

배가 고픈 태형이는 냉장고를 열었어요.
배고프다~
뭐 먹을 게 없나?

냉장고에 요구르트가 한 줄에 5개씩 4줄 있었어요.
오잉? 요구르트?
딱 한 줄만 마셔야지~
콕

1줄만 마시려던 태형이는 4줄을 마셨어요.
너무 맛있어.
다 마셔야지.
쭈읍

태형이가 마신 요구르트는 모두 몇 개인가요?
으악!!!!
배 아파!!!

태형이는 한 줄에 5개씩 있는 요구르트를 4줄 마셨어요. /
태형이가 마신 요구르트는 모두 몇 개인가요?

덧셈식 _______________________________________

답 _______________ 개

곱셈식 _______________________________________

답 _______________ 개

{ 문제 해결력 기르기 }

① 곱셈식으로 나타내어 구하기

예 곱셈식으로 나타내어 바나나의 수 구하기

3씩 **4**묶음

→ 3의 4배

→ 곱셈식 **3**×**4**=**12**

몇씩 몇 묶음이 모두 몇 개인지 구할 때에는 **곱셈식**으로 나타내자.

그림을 보고 곱셈식으로 나타내어 보세요.

(1)

풀이 요구르트가 2씩 ☐ 묶음 있다.

→ 2×☐=☐

(2)

풀이 딸기가 ☐씩 3묶음 있다.

→ ☐×3=☐

바퀴가 4개인 승용차입니다./
승용차의 바퀴는 모두 몇 개인가요?

전략 승용차의 바퀴는 몇씩 몇 묶음인지 살펴보자.

❶ 승용차 바퀴의 수: 4씩 ☐ 묶음

❷ (승용차 바퀴의 수)
＝4×☐=☐ (개)

답 _______________

다리가 2개인 로봇입니다./
로봇의 다리는 모두 몇 개인가요?

❶

❷

답 _______________

② 몇 배인지 구하기

선행 문제 해결 전략

예 30은 5의 몇 배인지 구하기

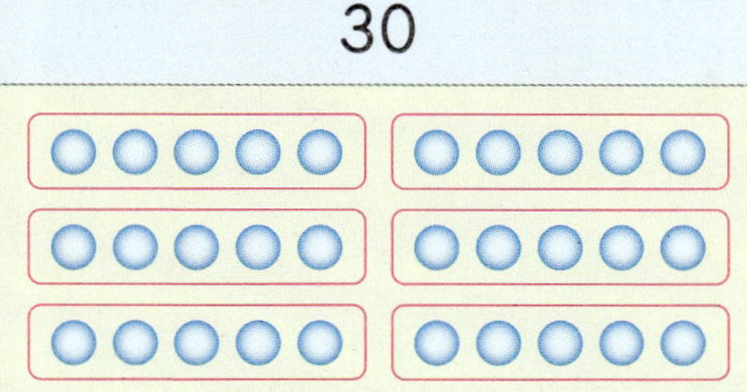

30은 5씩 **6묶음**
➜ 30은 5의 **6배**

선행 문제 ②

21은 3과 7의 각각 몇 배인지 알아보세요.

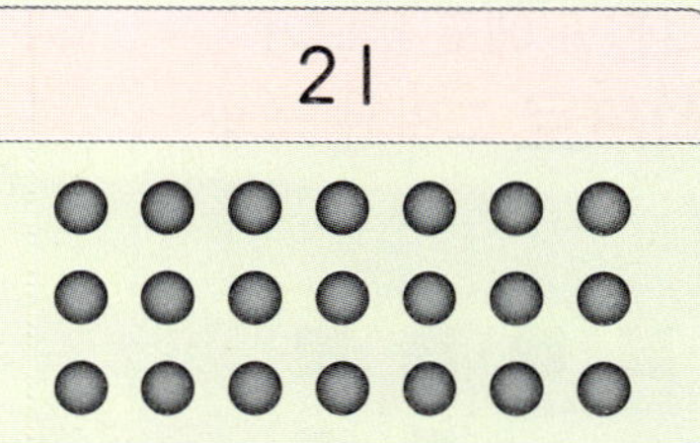

(1) 21은 3의 몇 배인가요?

풀이 21은 3씩 ☐ 묶음
➜ 21은 3의 ☐ 배

(2) 21은 7의 몇 배인가요?

풀이 21은 7씩 ☐ 묶음
➜ 21은 7의 ☐ 배

실행 문제 ②

농구공의 수는 축구공의 수의 몇 배인가요?

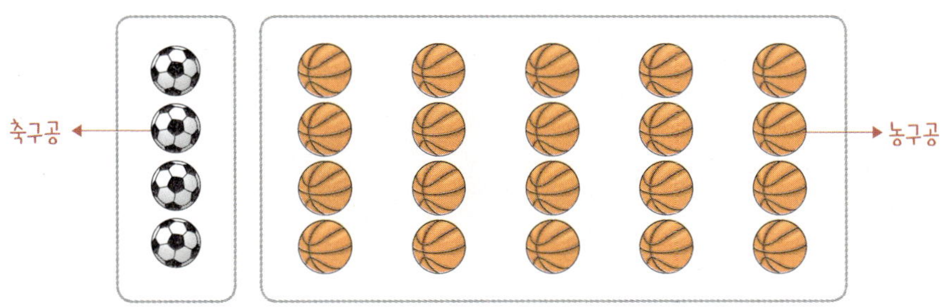

전략 축구공과 농구공의 수를 각각 세어 보자.

❶ 축구공의 수: ☐ 개, 농구공의 수: ☐ 개

전략 농구공의 수는 4씩 몇 묶음인지 알아보자.

❷ 20은 4씩 ☐ 묶음이므로 20은 4의 ☐ 배이다.

➜ 농구공의 수는 축구공의 수의 ☐ 배이다.

답  _______________

{ 문제 **해결력** 기르기 }

③ 규칙을 찾아 전체 개수 구하기

선행 문제 **해결 전략**

• 무늬는 몇 개씩 몇 줄인지 알아보기

(예)

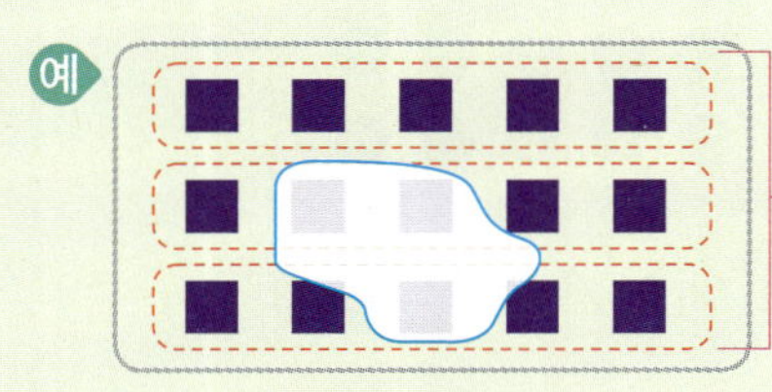

→ **5개씩 3줄**

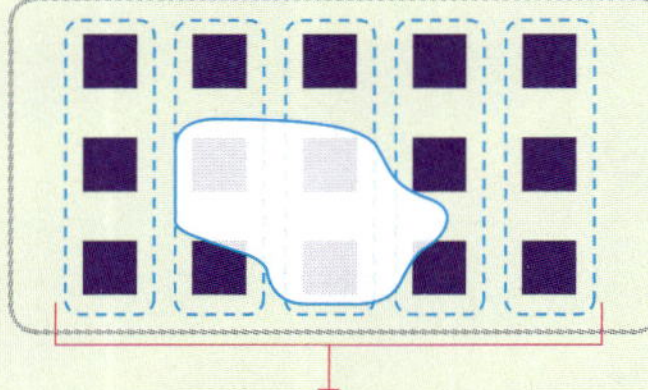

↓ **3개씩 5줄**

선행 문제 ③

무늬가 규칙적으로 그려져 있습니다. 무늬는 몇 개씩 몇 줄인지 써 보세요.

(1)

풀이 6개씩 ☐ 줄, 3개씩 ☐ 줄

(2)

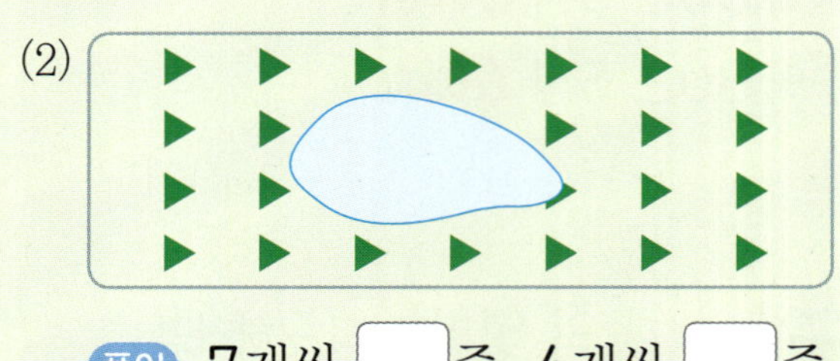

풀이 7개씩 ☐ 줄, 4개씩 ☐ 줄

실행 문제 ③

♥ 모양이 규칙적으로 그려진 돗자리 위에 도시락이 놓여 있습니다. / 돗자리에 그려진 ♥ 모양은 모두 몇 개인가요?

전략 ♥ 모양이 한 줄에 몇 개씩 몇 줄로 그려져 있는지 살펴보자.

❶ ♥ 모양은 8개씩 ☐ 줄이다.

❷ (♥ 모양의 수)＝8×☐＝☐(개)

답 ________________________

④ 곱셈을 두 번 계산하기

선행 문제 해결 전략

예 젤리는 4개 있고 사탕은 젤리의 2배, 껌은 사탕의 5배일 때 껌의 수 구하기

젤리의 수	4개

↓ **2배**

사탕의 수	$4 \times 2 = 8$(개)

↓ **5배**

껌의 수	$8 \times 5 = 40$(개)

선행 문제 ④

빈칸에 알맞은 수를 써넣으세요.

(1) 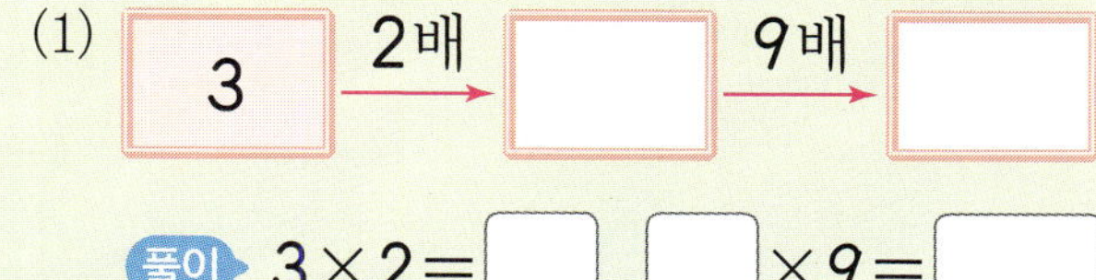

풀이 $3 \times 2 = \boxed{}$, $\boxed{} \times 9 = \boxed{}$

(2) 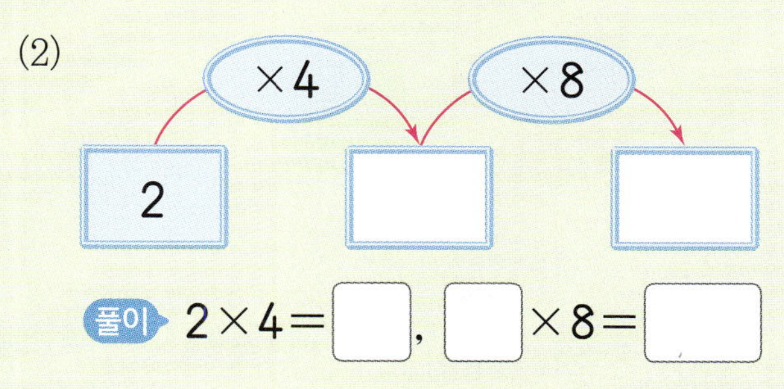

풀이 $2 \times 4 = \boxed{}$, $\boxed{} \times 8 = \boxed{}$

실행 문제 ④

딸기를 윤우는 3개 먹었고 지아는 윤우의 2배만큼 먹었습니다. /
예희는 딸기를 지아의 3배만큼 먹었을 때 예희가 먹은 딸기는 몇 개인가요?

전략 (윤우가 먹은 딸기의 수)×2

❶ (지아가 먹은 딸기의 수)

$= 3 \times \boxed{} = \boxed{}$(개)

전략 (지아가 먹은 딸기의 수)×3

❷ (예희가 먹은 딸기의 수)

$= \boxed{} \times 3 = \boxed{}$(개)

답 _______________

쌍둥이 문제 4-1

아몬드가 2개 있고 땅콩은 아몬드의 3배만큼 있습니다. /
잣은 땅콩의 9배만큼 있을 때 잣은 몇 개인가요?

실행 문제 따라 풀기

❶

❷

답 _______________

{ 문제 **해결력** 기르기 }

⑤ 짝 짓는 방법의 수 구하기

해결 전략

예 ▶ 티셔츠와 바지를 짝 지어서 입을 수 있는 방법

① 파란색 티셔츠와 바지를 짝 지어서 입는 방법

② 빨간색 티셔츠와 바지를 짝 지어서 입는 방법

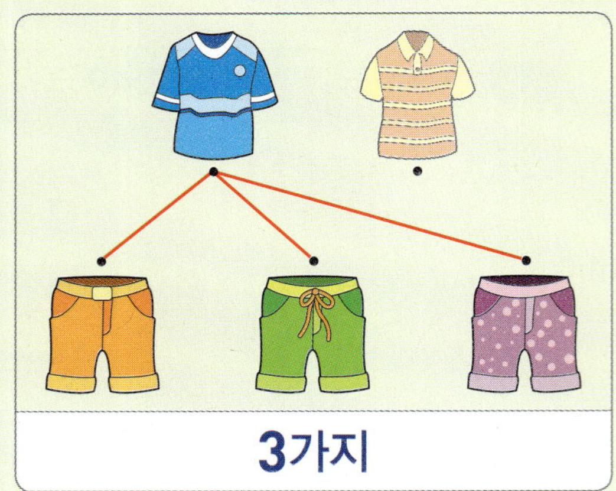

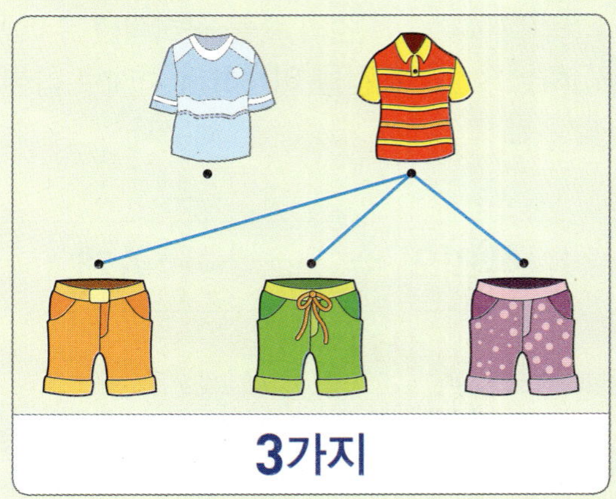

티셔츠는 2개이고, 티셔츠 1개마다 입을 수 있는 바지는 3개씩이다.

➡ 짝 지어서 입을 수 있는 방법 수:

(티셔츠의 수)×(바지의 수)=**2**×**3**=**6**(가지)

└▶ 티셔츠 1개당 3가지의 바지를 입을 수 있음.

실행 문제 5

티셔츠와 치마를 입으려고 합니다. /
짝 지어서 입을 수 있는 방법은 모두 몇 가지인가요?

❶ 티셔츠는 ☐ 개이고, 치마는 ☐ 개이다.

전략 ▶ (티셔츠의 수)×(치마의 수)

❷ (짝 지어서 입을 수 있는 방법 수)= ☐ × ☐ = ☐ (가지)

답 ▶ _______________

⑥ 곱셈의 활용

선행 문제 해결 전략

예 세발자전거 5대와 두발자전거 4대가 있다.
→바퀴 3개   →바퀴 2개

(1) 세발자전거 5대와 두발자전거 4대의 바퀴 수의 **합** 구하기

| 세발자전거
5대의 바퀴 수
3×5 | **+** | 두발자전거
4대의 바퀴 수
2×4 |

(2) 세발자전거 5대와 두발자전거 4대의 바퀴 수의 **차** 구하기

| 세발자전거
5대의 바퀴 수
3×5 | **—** | 두발자전거
4대의 바퀴 수
2×4 |

선행 문제 ⑥

곱셈을 이용해야 하는 것에 밑줄을 그었습니다. ☐ 안에 알맞은 수를 써넣으세요.

(1)
꽃잎이 6개인 꽃 2송이와
→ 꽃잎 수: $6 \times \boxed{}$

꽃잎이 5개인 꽃 4송이의 꽃잎 수의 합
→ 꽃잎 수: $\boxed{} \times 4$

(2)
한 상자에 6개씩 들어 있는 떡 2상자와
→ 떡의 수: $\boxed{} \times 2$

한 상자에 4개씩 들어 있는 떡 6상자의
→ 떡의 수: $4 \times \boxed{}$

떡의 수의 차

실행 문제 ⑥

구멍이 2개인 단추가 4개,/ 구멍이 4개인 단추가 3개 있습니다./
단춧구멍은 모두 몇 개인가요?

전략 $2 \times ($구멍이 2개인 단추 수$)$

❶ (구멍이 2개인 단추의 단춧구멍 수)$= 2 \times \boxed{} = \boxed{}$ (개)

전략 $4 \times ($구멍이 4개인 단추 수$)$

❷ (구멍이 4개인 단추의 단춧구멍 수)$= 4 \times \boxed{} = \boxed{}$ (개)

❸ (단춧구멍 수의 합)$= \boxed{} + \boxed{} = \boxed{}$ (개)

답 _______________

{ 수학 **사고력** 키우기 }

곱셈식으로 나타내어 구하기

연계학습 124쪽

대표 문제 ① 쿠키에 있는 초코칩은 모두 몇 개인가요?

구하려는 것은? 초코칩의 수

어떻게 풀까?
1 쿠키 1개에 있는 초코칩의 수와 쿠키의 수를 세어
2 곱셈식으로 나타내어 구하자.

해결해 볼까?

① 초코칩의 수는 모두 몇씩 몇 묶음?

답 ____________씩 ____________묶음

② 초코칩은 모두 몇 개인지 곱셈식으로 나타내어 구하면?

식 ____________________ 답 ____________________

쌍둥이 문제 1-1 꽃잎은 모두 몇 장인가요?

대표 문제 따라 풀기

①

②

답 ____________________

몇 배인지 구하기

연계학습 125쪽

대표 문제 2 빵의 수는 우유의 수의 몇 배인가요?

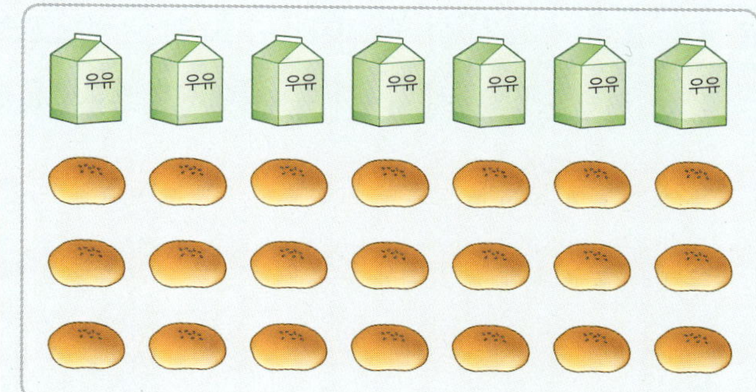

구하려는 것은?

빵의 수는 우유의 수의 몇 배

어떻게 풀까?

1 빵과 우유의 수를 각각 세어   2 빵의 수는 우유의 수의 몇 배인지 구하자.

해결해 볼까?

❶ 우유와 빵은 각각 몇 개?

답 우유: _______________ , 빵: _______________

❷ 빵은 7씩 몇 묶음?

전략 빵을 7개씩 묶어 보자.

답 _______________

❸ 빵의 수는 우유의 수의 몇 배?

전략 7씩 ■묶음 ➡ 7의 ■배

답 _______________

쌍둥이 문제 2-1 사과의 수는 귤의 수의 몇 배인가요?

대표 문제 따라 풀기

❶

❷

❸

답 _______________

6 곱셈

{ 수학 **사고력** 키우기 }

규칙을 찾아 전체 개수 구하기

연계학습 126쪽

대표 문제 ③

육각형 모양이 규칙적으로 그려진 종이가 다음과 같이 찢어졌습니다. /
찢어지기 전 종이에 그려진 육각형 모양은 모두 몇 개인가요?

구하려는 것은?

찢어지기 전 종이에 그려진 [ ] 모양의 수

어떻게 풀까?

1 육각형 모양이 그려진 규칙을 찾아
2 찢어지기 전 종이에 그려진 육각형 모양의 수를 구하자.

해결해 볼까?

❶ 육각형 모양은 5개씩 몇 줄?

답 ________________

❷ 찢어지기 전 종이에 그려진 육각형 모양은 모두 몇 개인지 곱셈식으로 나타내어 구하면?

식 ________________   답 ________________

132

쌍둥이 문제 3-1

별 모양이 규칙적으로 그려진 벽지가 다음과 같이 찢어졌습니다. /
찢어지기 전 벽지에 그려진 별 모양은 모두 몇 개인가요?

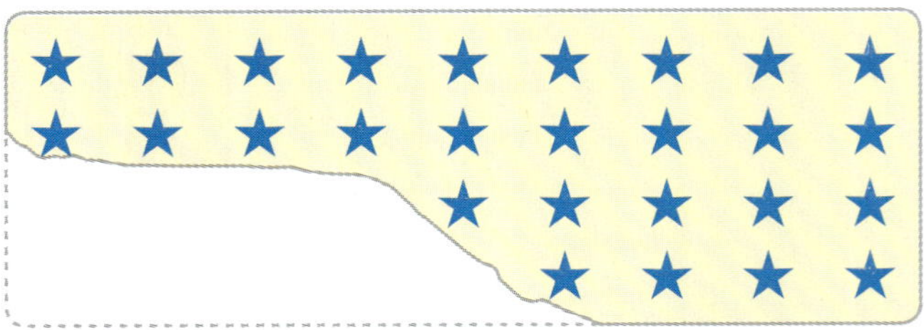

대표 문제 따라 풀기

❶

❷

답 ________________

곱셈을 두 번 계산하기

연계학습 127쪽

대표 문제 4

승주는 오른쪽 그림의 **4**배만큼 쌓기나무를 쌓았습니다./
민재는 승주가 쌓은 쌓기나무의 **3**배만큼 쌓을 때/
민재가 필요한 쌓기나무는 모두 몇 개인가요?

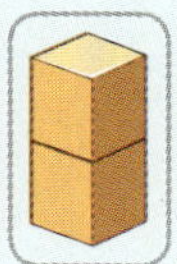

구하려는 것은?
민재가 필요한 쌓기나무의 수

주어진 것은?
- 승주가 쌓은 쌓기나무의 수: 오른쪽 쌓기나무의 ☐배
- 민재가 필요한 쌓기나무의 수: 승주가 쌓은 쌓기나무의 ☐배

해결해 볼까?

❶ 오른쪽 쌓기나무는 몇 개?

답 _______________

❷ 승주가 쌓은 쌓기나무는 몇 개?
전략 (오른쪽 쌓기나무의 수)×4

답 _______________

❸ 민재가 필요한 쌓기나무는 몇 개?
전략 (승주가 쌓은 쌓기나무의 수)×3

답 _______________

쌍둥이 문제 4-1

유라는 오른쪽 그림의 **2**배만큼 모형을 연결했습니다./
수아는 유라가 연결한 모형의 **5**배만큼 연결할 때/
수아가 필요한 모형은 모두 몇 개인가요?

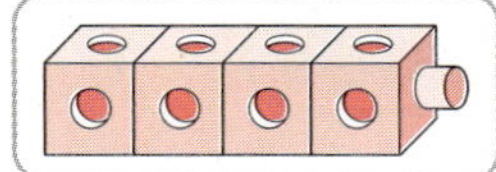

대표 문제 따라 풀기

❶

❷

❸

답 _______________

{ 수학 사고력 키우기 }

짝 짓는 방법의 수 구하기

연계학습 128쪽

대표 문제 5

우산과 우비가 다음과 같이 있습니다. /
우산과 우비를 하나씩 짝 지을 수 있는 방법은 모두 몇 가지인가요?

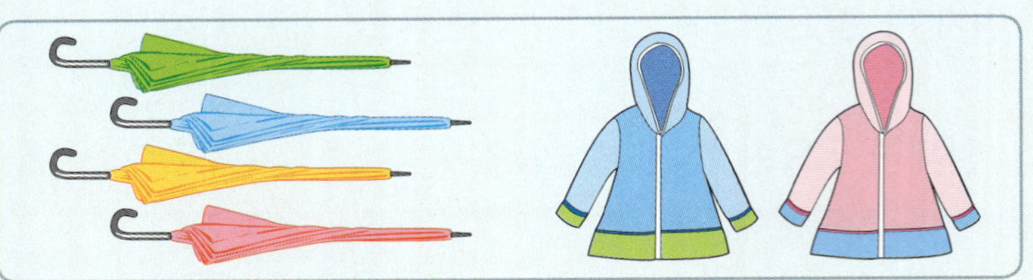

구하려는 것은?
우산과 우비를 하나씩 짝 지을 수 있는 방법 수

어떻게 풀까?
1 우산과 우비는 각각 몇 개인지 세어 **2** 곱셈식을 이용하여 구하자.

해결해 볼까?

❶ 우산과 우비는 각각 몇 개?

답 우산 : _______________ , 우비 : _______________

❷ 짝 지을 수 있는 방법은 몇 가지인지 곱셈식으로 나타내어 구하면?

전략 (우산 수)×(우비 수)

식 _______________

답 _______________

쌍둥이 문제 5-1

숟가락과 포크가 다음과 같이 있습니다. /
숟가락과 포크를 하나씩 짝 지을 수 있는 방법은 모두 몇 가지인가요?

대표 문제 따라 풀기

❶

❷

답 _______________

곱셈의 활용

연계학습 129쪽

대표 문제 6

강아지 8마리의 다리 수와 닭 9마리의 다리 수는/
모두 몇 개인가요?

구하려는 것은?
강아지 8마리와 닭 9마리의 다리 수의 합

주어진 것은?
강아지: ☐ 마리, 닭: ☐ 마리

해결해 볼까?

❶ 강아지 8마리의 다리 수는 모두 몇 개?
[전략] 강아지 한 마리의 다리 수는 4개이다.
답 ____________________

❷ 닭 9마리의 다리 수는 모두 몇 개?
[전략] 닭 한 마리의 다리 수는 2개이다.
답 ____________________

❸ 강아지 8마리와 닭 9마리의 다리 수는 모두 몇 개?
답 ____________________

쌍둥이 문제 6-1

병아리 7마리의 다리 수는 토끼 2마리의 다리 수보다/
몇 개 더 많은가요?

대표 문제 따라 풀기

❶

❷

❸

답 ____________________

6

곱셈

{ 수학 독해력 완성하기 }

😊 지워진 곳에 알맞은 수 구하기

독해 문제 1

지워진 곳에 알맞은 수를 구해 보세요.

💬 **해결해 볼까?**

❶ ⬜ 안에 알맞은 수를 써넣으면?

> ⬜씩 9묶음은 81이다.

❷ 지워진 곳에 알맞은 수는?

답 ____________________

😊 곱셈식으로 나타내어 구하기

🔗 연계학습 130쪽

독해 문제 2

필통은 한 상자에 **4**개씩 **8**상자 있고, /
지우개는 **30**개 있습니다. /
필통과 지우개 중 더 많은 것은 어느 것인가요?

💬 **해결해 볼까?**

❶ 필통은 모두 몇 개?

> 전략 ▪개씩 ▲상자 ➡ (▪×▲)개

답 ____________________

❷ 필통과 지우개 중 더 많은 것은?

답 ____________________

😊 모두 몇 개인지 구하기

독해 문제 3

주방에 있는 컵을 한 상자에 9개씩 3줄 담았더니 /
4개가 남았습니다. /
주방에 있는 컵은 모두 몇 개인가요?

해결해 볼까?

❶ 한 상자에 담은 컵은 몇 개?

전략 ▶ ■개씩 ▲줄 ➡ (■×▲)개

답 ____________________

❷ 주방에 있는 컵은 모두 몇 개?

전략 ▶ 남은 컵의 수를 더하자.

답 ____________________

😊 먹고 남은 수 구하기

독해 문제 4

당근이 한 상자에 7개씩 8줄 들어 있습니다. /
이 중에서 3개를 먹었다면 /
먹고 남은 당근은 몇 개인가요?

해결해 볼까?

❶ 한 상자에 들어 있는 당근은 몇 개?

답 ____________________

❷ 먹고 남은 당근은 몇 개?

전략 ▶ 먹은 당근의 수를 빼자.

답 ____________________

6

곱셈

{ 수학 **독해력** 완성하기 }

몇 배인지 구하기

연계학습 131쪽

독해 문제 5

[보기]의 수는 8의 몇 배와 같은지 구해 보세요.

┌─[보기]─┐
4씩 6묶음
└────────┘

구하려는 것은? [보기]의 수는 8의 몇 배

주어진 것은? [보기]의 수: 4씩 ☐ 묶음

어떻게 풀까?
1 4씩 6묶음이 몇인지 구한 후,
2 그 수는 8씩 몇 묶음인지 생각하여 8의 몇 배인지 구하자.

해결해 볼까?

❶ [보기]가 나타내는 수는?

전략 ■씩 ▲묶음 ➡ ■×▲

답 ______________________

❷ 위 ❶에서 답한 수는 8씩 몇 묶음?

답 ______________________

❸ [보기]의 수는 8의 몇 배?

전략 8씩 ■묶음 ➡ 8의 ■배

답 ______________________

6 곱셈

수 카드로 계산 결과가 가장 클 때의 값 구하기

독해 문제 6

3장의 수 카드 중에서 2장을 뽑아 한 번씩만 사용하여 곱셈식을 만들려고 합니다. /
계산 결과가 가장 클 때의 값을 구해 보세요.

$\boxed{4}$ $\boxed{7}$ $\boxed{3}$ → $\boxed{}$ × $\boxed{}$

구하려는 것은? 수 카드로 만든 곱셈식의 계산 결과가 가장 $\boxed{}$ 때의 값

주어진 것은?
- 3장의 수 카드 중에서 $\boxed{}$ 장을 뽑아 한 번씩만 사용함.
- 두 수의 곱셈식을 만듦.

어떻게 풀까?
1 계산 결과가 가장 크게 되는 두 수를 구하여
2 곱셈식을 만들어 계산 결과를 구하자.

해결해 볼까?

❶ 알맞은 말에 ◯표 하면?

곱하는 두 수가 (클수록 , 작을수록) 계산 결과는 크다.

❷ 계산 결과가 가장 크게 되는 곱셈식을 만들면?

답 ▸ $\boxed{}$ × $\boxed{}$

❸ 계산 결과가 가장 클 때의 값은?

답 ▸

곱셈

{ 창의·융합·코딩 체험하기 }

주차장에 자동차와 오토바이가 있습니다. /
오토바이 한 대의 바퀴가 **2**개일 때 주차장에 있는 오토바이의 바퀴 수는 모두 몇 개
인가요?

답 ___________________

봉숭아 꽃잎과 잎으로 손톱을 붉게 물들일 수 있습니다. /
손톱 한 개를 물들이는 데 필요한 꽃잎은 **8**장입니다. /
선미가 오른쪽 손가락의 손톱 **5**개를 물들이려면 /
꽃잎은 모두 몇 장 필요한지 구해 보세요.

<봉숭아 꽃잎으로 손톱 물들이기>

답 ___________________

3.1절은 대한민국이 일본으로부터 독립을 외친 날입니다. /
은애네 아파트에서 3.1절에 태극기를 달려고 합니다. /
은애네 아파트는 한 층에 3집이 있고 모두 7층입니다. /
한 집에 태극기를 한 개씩 달 때 은애네 아파트에서 필요한 태극기는 모두 몇 개인가요?

답 _______________

141

금고의 문을 열려면 계산 결과가 24인 버튼을 모두 눌러야 합니다. /
금고를 열기 위해 눌러야 하는 버튼을 모두 찾아 오른쪽에 색칠해 보세요.

＜눌러야 하는 버튼 색칠하기＞

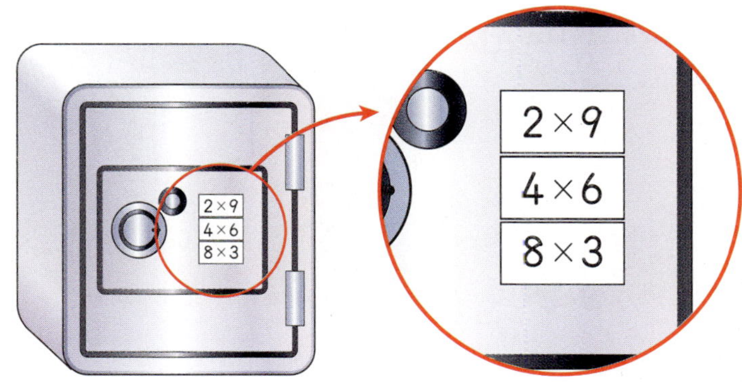

{ 창의·융합·코딩 체험하기 }

창의 5 다음 방법을 읽고 보물이 있는 장소를 찾으려고 합니다./
□ 안에 알맞은 수를 써넣고/
보물이 있는 장소에 ◯표 하세요.

> **보물이 있는 장소를 찾는 방법**
>
> ① 같은 색이 칠해진 수 카드의 수를 곱해 지도의 □ 안에 계산 결과를 써넣습니다.
> ② 지도에 써넣은 수 중 더 큰 수가 적힌 곳이 보물이 있는 장소입니다.

창의 6 다음을 보고 백설공주가 상자에 넣고 남은 사과는 몇 개인지 구해 보세요.

답 _______________________

창의 7 다영이와 민재는 〔규칙〕에 따라 수를 말하고 있습니다. / 민재가 답해야 하는 수는 얼마인가요?

〔규칙〕
> 상대방이 말한 수에 8을 곱한 후 계산 결과의 일의 자리 숫자를 답합니다.

답 ____________________

코딩 8 다음 명령을 실행하여 값을 구하려고 합니다. / 4를 입력했을 때 나오는 값을 구해 보세요.

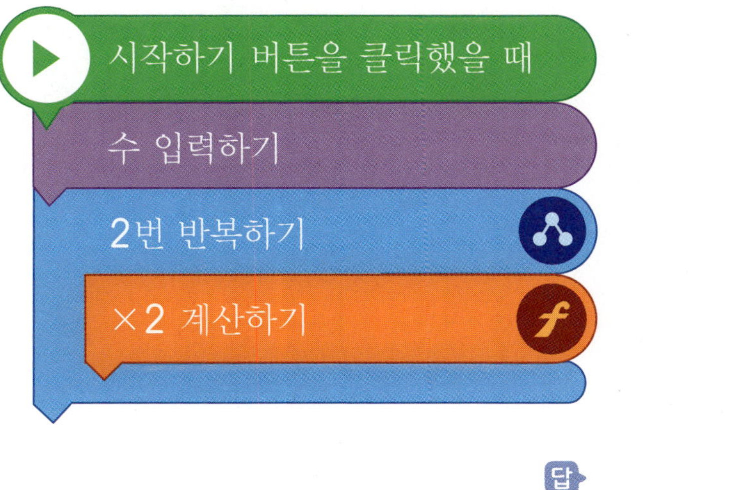

답 ____________________

{ 실전 마무리 하기 }

곱셈식으로 나타내어 구하기 ↻130쪽

1 단춧구멍은 모두 몇 개인가요?

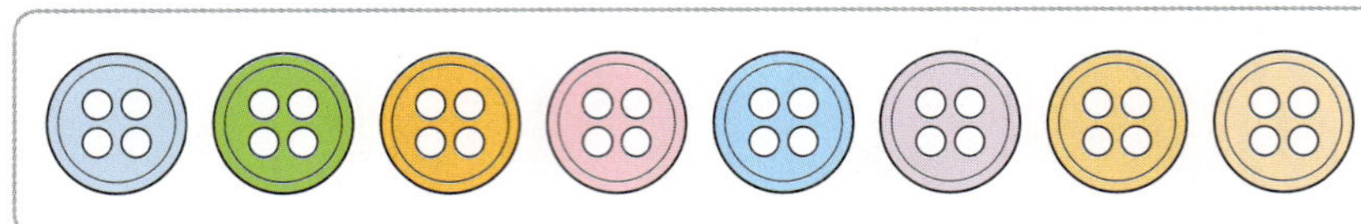

풀이

답 ________________________

몇 배인지 구하기 ↻125쪽

2 튜브의 수는 공의 수의 몇 배인가요?

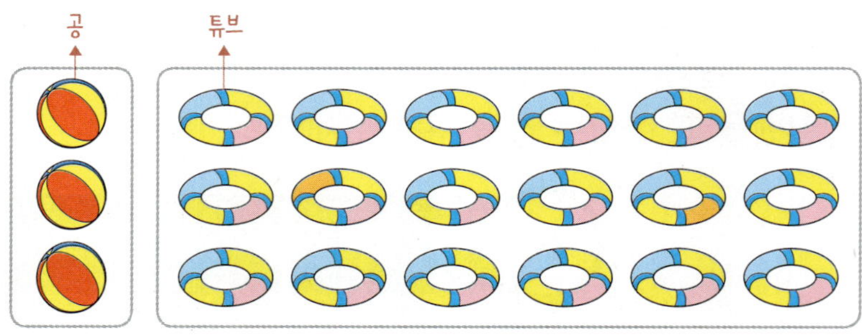

풀이

답 ________________________

규칙을 찾아 전체 개수 구하기 ↻132쪽

3 ♣ 모양이 규칙적으로 그려진 이불 위에 베개가 놓여 있습니다. 이불에 그려진 ♣ 모양은 모두 몇 개인가요?

풀이

답 _______________

지워진 곳에 알맞은 수 구하기 ↻136쪽

4 오른쪽 종이의 지워진 곳에 알맞은 수를 구해 보세요.

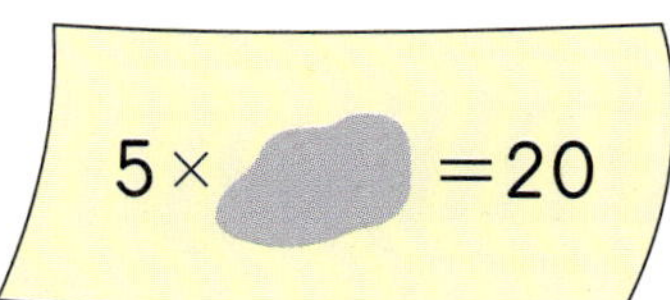

풀이

답 _______________

곱셈식으로 나타내어 구하기 ↻136쪽

5 송편은 60개 있고 인절미는 한 상자에 8개씩 7상자 있습니다. 송편과 인절미 중 더 많은 것은 어느 것인가요?

풀이

답 _______________

6

곱셈

{ 실전 **마무리** 하기 }

먹고 남은 수 구하기 ↻137쪽

6 만두가 한 상자에 **3**개씩 **5**줄 들어 있습니다. 이 중에서 **9**개를 먹었다면 먹고 남은 만두는 몇 개인가요?

 풀이

답 _______________

곱셈을 두 번 계산하기 ↻127쪽

7 경수의 동생은 **3**살입니다. 경수는 동생의 나이의 **3**배이고, 어머니는 경수의 나이의 **5**배입니다. 어머니의 연세는 몇 세인가요?

풀이

답 _______________

짝 짓는 방법의 수 구하기 ↻134쪽

8 모자와 목도리가 다음과 같이 있습니다. 모자와 목도리를 하나씩 짝 지을 수 있는 방법은 모두 몇 가지인가요?

풀이

 답 _______________

곱셈의 활용 135쪽

9 호랑이 6마리의 다리 수와 오리 5마리의 다리 수는 모두 몇 개인가요?

풀이

답 ____________________

수 카드로 계산 결과가 가장 클 때의 값 구하기 139쪽

10 3장의 수 카드 중에서 2장을 뽑아 한 번씩 사용하여 곱셈식을 만들려고 합니다. 계산 결과가 가장 클 때의 값을 구해 보세요.

풀이

답 ____________________

최고를 꿈꾸는 아이들의
수준 높은 상위권 문제집!

한 가지 이상 해당된다면 **최고수준** 해야 할 때!

- ✔ 응용과 심화 중간단계의 학습이 필요하다면? `최고수준S`
- ✔ 처음부터 너무 어려운 심화서로 시작하기 부담된다면? `최고수준S`
- ✔ 창의·융합 문제를 통해 사고력을 폭넓게 기르고 싶다면? `최고수준`
- ✔ 각종 경시대회를 준비 중이거나 준비 할 계획이라면? `최고수준`

정답과 풀이

수학도 독해가 힘이다

초등 수학 2-1

천재교육

정답과 풀이 포인트 3가지

▶ 혼자서도 이해할 수 있는 친절한 문제 풀이

▶ 문제 해결에 꼭 필요한 핵심 전략 제시

▶ 문제 분석과 쌍둥이 문제로 수학 독해력 완성

정답과 자세한 풀이

{ CONTENTS }

빠른 정답 ·········· 2쪽

1 세 자리 수 ·········· 9쪽

2 여러 가지 도형 ·········· 15쪽

3 덧셈과 뺄셈 ·········· 20쪽

4 길이 재기 ·········· 27쪽

5 분류하기 ·········· 33쪽

6 곱셈 ·········· 39쪽

1 세 자리 수

1 STEP 문제 해결력 기르기 6~11쪽

선행 문제 1
(1) **십**에 ○표, 40
(2) **백**에 ○표, 400

실행 문제 1
❶ 십, 30 / 백, 300 / 일, 3
❷ ㉠
답 ㉠

선행 문제 2
(1) **십**에 ○표, 10
(2) **일**에 ○표, 1

실행 문제 2
❶ 백에 ○표, 1, 100
❷ 739, 839
답 839

선행 문제 3
(1) **큰**에 ○표, >, 볼펜
(2) **큰**에 ○표, >, 민석

실행 문제 3
❶ 큰에 ○표
❷ <
❸ 복숭아에 ○표
답 복숭아

쌍둥이 문제 3-1
남학생

선행 문제 4
(1) 532 (2) 3, 5 / 235

실행 문제 4
❶ 4, 3, 2
❷ 943
❸ 234
답 943, 234

선행 문제 5
1, 3, 315

실행 문제 5
❶ 1 ❷ 4, 424
답 424개

선행 문제 6
(1) 934 (2) 315

실행 문제 6
❶ 5 ❷ 547
답 547

쌍둥이 문제 6-1
693

2 STEP 수학 사고력 키우기 12~17쪽

대표 문제 1
구 6
❶ 6, 60, 600
❷ ㉢

쌍둥이 문제 1-1
㉡

대표 문제 2
❶ 10 ❷ 757

쌍둥이 문제 2-1
660

대표 문제 3
❶ 작은에 ○표
❷ 135, 150, 194
❸ 은지

쌍둥이 문제 3-1
상윤

대표 문제 4
❶ 0, 1, 2, 9
❷ 1
❸ 102

쌍둥이 문제 4-1
305

대표 문제 5
❶ 6, 2 ❷ 622원

쌍둥이 문제 5-1
564장

대표 문제 6
❶ 8 ❷ 8 ❸ 889

쌍둥이 문제 6-1
456

3 STEP 수학 독해력 완성하기 18~21쪽

독해 문제 1
주 986
❶ 십에 ○표, **작아진다**에 ○표
❷ 10
❸ 946

독해 문제 2
주 2, 1
❶ (위부터) 120 / 1, 111 /
  2, 1, 21
❷ 120, 111
❸ 2가지

독해 문제 3
❶ ㉡, ㉢
❷ ㉡
❸ ㉡

독해 문제 4
주 3, 2
❶ 3 □ 2
❷ 8, 9
❸ 382, 392

4 STEP 창의·융합·코딩 체험하기 22~25쪽

창의 ① 296

창의 ② 183

창의 ③ 1, 100

창의 ④ 403호

창의 ⑤ 포도

코딩 ⑥ 120원

코딩 ⑦ 210원

종합 평가 실전 마무리 하기 26~29쪽

1 30, 1

2 ㉢

3 263

4 ㉢

5 ㉡

6 윤하

7 773원

8 7, 8, 9

9 405

10 533

2 여러 가지 도형

1 STEP 문제 해결력 기르기 32~35쪽

선행 문제 ①

3, 삼

실행 문제 ①

❶ 4, 사각형 ❷ 4

답 사각형, 4개

쌍둥이 문제 1-1

삼각형, 3개

선행 문제 ②

(1) 3 (2) 5

실행 문제 ②

❶ 4, 6 ❷ ㉡

답 ㉡

쌍둥이 문제 2-1

㉠

선행 문제 ③

3 / 2 / 3, 2, 5

실행 문제 ③

❶ 5 ❷ 5, 1, 6 ❸ ㉡

답 ㉡

쌍둥이 문제 3-1

㉡

선행 문제 ④

(1) 삼각형에 △표(위 그림 참고),
   3개

(2) 사각형에 □표(위 그림 참고),
   2개

실행 문제 ④

❶ 5 ❷ 2 ❸ 5, 2, 3

답 3개

2 STEP 수학 사고력 키우기 36~39쪽

대표 문제 ①

❶
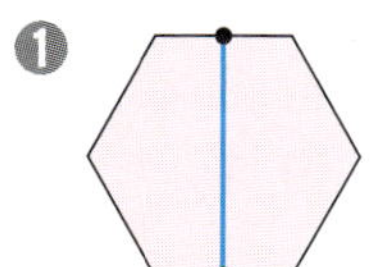

❷ 오각형, 2개

쌍둥이 문제 1-1

삼각형, 4개

대표 문제 ②

주 오각형, 삼각형

❶ 5, 3 ❷ 8

쌍둥이 문제 2-1

2

대표 문제 ③

❶ 가, 다

❷ 가

쌍둥이 문제 3-1

가

대표 문제 ④

❶ 3개, 2개, 5개

❷ 원

쌍둥이 문제 4-1

오각형

3 STEP 수학 독해력 완성하기 40~43쪽

독해 문제 ①

❶ 3, 9 ❷ 12

독해 문제 ②

❶ 7개 ❷ 3개

독해 문제 ③

❶ ㉠, ㉡ ❷ ㉡, ㉢ ❸ ㉡

독해 문제 ④

❶ 5개, 4개, 6개 ❷ ㉢

독해 문제 ⑤

❶ 3개 ❷ 2개

❸ 1개 ❹ 6개

독해 문제 ⑥

주 6, 7, 11

❶ (위에서부터) 3, 6 /
   3, 4, 7(또는 4, 3, 7) /
   5, 6, 11(또는 6, 5, 11)

❷ 합에 ○표 ❸ 9

4 STEP 창의·융합·코딩 체험하기 44~47쪽

창의 **1** 체코

창의 **2** 라오스

창의 **3** ( ) (×)

창의 **4**

창의 **5** (○) ( ) ( )

코딩 **6**

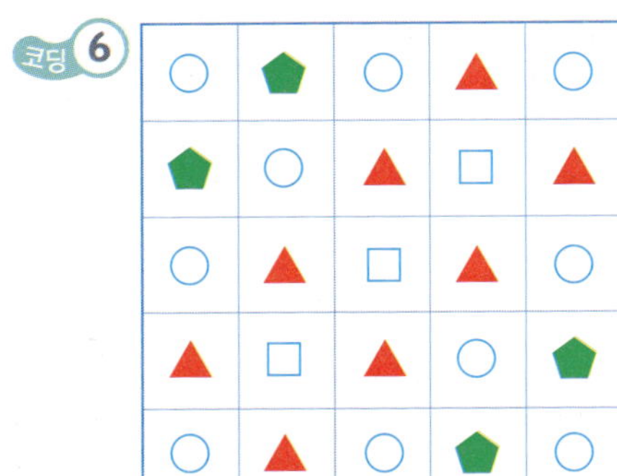

코딩 **7**

→	→	→	↑	↑	←	↑

종합 평가 실전 마무리 하기 48~51쪽

1 5개, 5개

2 6개

3 ㉢

4 삼각형, 4개

5 14

6 1

7 삼각형

8 ㉠

9 7개

10 3

3 덧셈과 뺄셈

1 STEP 문제 해결력 기르기 54~59쪽

선행 문제 **1**
(1) +, 41　(2) −, 39

실행 문제 **1**
❶ 덧셈식에 ○표　❷ 47, 52
답 52살

쌍둥이 문제 **1-1**
25개

선행 문제 **2**
(1) −, +　(2) +, −

실행 문제 **2**
❶ 13　❷ 13, 79, 106
답 106송이

선행 문제 **3**
(1) (위에서부터) +, −
(2) (위에서부터) −, +

실행 문제 **3**
❶ (위에서부터) −, +
❷ (위에서부터) +, 41
답 41개

선행 문제 **4**
(1) 15+■=33에 ○표
(2) 72−■=46에 ○표

실행 문제 **4**
❶ 생일 선물로 받은에 ○표
❷ 28, 41　❸ 41, 28, 13
답 13자루

선행 문제 **5**
6, 5 / 16, 29(또는 29, 16)

실행 문제 **5**
46 / 46, 75 / 아니다에 ○표
38 / 38, 65 / 맞다에 ○표
답 27, 38

선행 문제 **6**
(1) 18 / 18, 63
(2) 54 / 54, 27

실행 문제 **6**
❶ 큰에 ○표
❷ 64
❸ 64, 26
답 64, 26

2 STEP 수학 사고력 키우기 60~65쪽

대표 문제 **1**
구 지후
주 33, 18
❶ −　❷ 15장

쌍둥이 문제 **1-1**
61권

대표 문제 **2**
구 감에 ○표
주 36, 26
❶ 36+38−26　❷ 48개

쌍둥이 문제 **2-1**
36층

대표 문제 **3**
주 7, 24
❶ (위에서부터) +, −
❷ 17개

쌍둥이 문제 **3-1**
44명

대표 문제 **4**
주 85, 78
❶ 날아간에 ○표
❷ 85−■=78
❸ 7개

쌍둥이 문제 **4-1**
52−■=19 / 33개

대표 문제 5

구 24

❶ 37 / 48, 82(또는 82, 48)

❷ 37, 24 / 48, 34

❸ 61, 37

쌍둥이 문제 5-1

91, 46

대표 문제 6

구 크게

❶ 작은에 ◯표

❷ 15   ❸ 15, 58

쌍둥이 문제 6-1

50-23=27

3 STEP 수학 독해력 완성하기 66~69쪽

독해 문제 1

구 합에 ◯표

주 42, 13

❶ -   ❷ 29개   ❸ 71개

독해 문제 2

구 9

주 9, 8

❶ 8, 37   ❷ 45   ❸ 54

독해 문제 3

❶ 48, 43, 84, 83, 34, 38

❷ 48, 43, 34, 38

❸ 큰에 ◯표

❹ 71-48=23

독해 문제 4

❶ 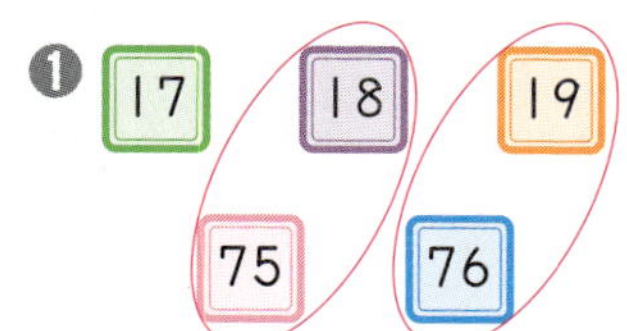

❷ 75-18=57 / 76-19=57

（또는 76-19=57

　　　　　　 / 75-18=57)

❸ 75-18=57, 76-19=57

4 STEP 창의·융합·코딩 체험하기 70~73쪽

융합 ① 24대   코딩 ② 19점

융합 ③ 33, 41   융합 ④ 8

코딩 ⑤ 달봇   창의 ⑥ 공

코딩 ⑦ 62   코딩 ⑧ 121

종합 평가 실전 마무리 하기 74~77쪽

1 37마리

2 168그루

3 23명

4 104개

5 74+■=92 / 18번

6 28명

7 17, 56

8 51개

9 109

10 75-58=17

4 길이 재기

1 STEP 문제 해결력 기르기 80~83쪽

선행 문제 1

(1) 2, 2   (2) 5, 5

실행 문제 1

❶ 6   ❷ 6

답 6 cm

쌍둥이 문제 1-1

5 cm

선행 문제 2

3, <

실행 문제 2

❶ 같다에 ◯표

❷ 익힘책의 짧은 쪽에 ◯표

❸ 지우

답 지우

선행 문제 3

3, 에 ◯표

실행 문제 3

❶ 적은에 ◯표

❷ 클립

답 클립

쌍둥이 문제 3-1

집게

선행 문제 4

㉠, ㉠

실행 문제 4

❶ 2 / 1   ❷ 윤미

답 윤미

2 STEP 수학 사고력 키우기 84~87쪽

대표 문제 1

주 1

❶ 11개   ❷ 11 cm

쌍둥이 문제 1-1

12 cm

대표 문제 2

구 긴에 ◯표

❶ 같다에 ◯표

❷ 뼘   ❸ 석호

쌍둥이 문제 2-1

은우

대표 문제 3

구 긴에 ◯표

주 7, 8

❶ 적을수록에 ◯표   ❷ 선우

쌍둥이 문제 3-1

민호

대표 문제 4

주 55, 53, 58
❶ 2 cm, 3 cm   ❷ 보라

쌍둥이 문제 4-1

호영

STEP 3 수학 독해력 완성하기 88~91쪽

독해 문제 1
❶ 길다에 ◯표
❷ 서랍장

독해 문제 2
❶ 10개, 12개
❷ 10 cm, 12 cm
❸ 빨간 선

독해 문제 3
❶ 적을수록에 ◯표
❷ 주경

독해 문제 4
❶ 
젤리 / 초코바 / 소시지
❷ 8번

독해 문제 5
주 20, 15, 3
❶ 60 cm
❷ 4번
❸ 4번

독해 문제 6
주 94, 16, 85
❶ 78 cm
❷ 9 cm, 7 cm
❸ 진영

STEP 4 창의·융합·코딩 체험하기 92~95쪽

융합 ① 예 <, =

융합 ② 예 >, =

창의 ③ 예 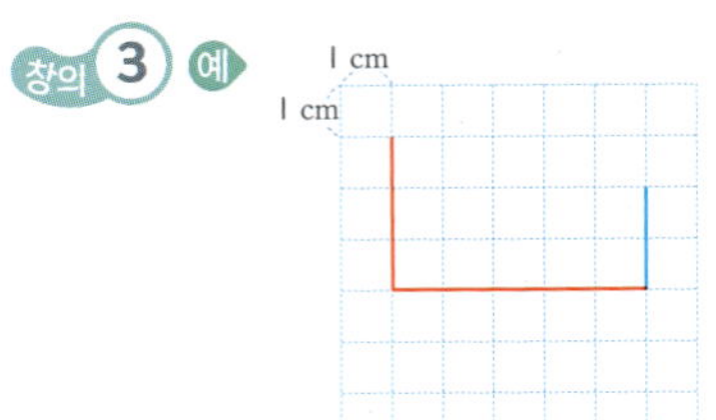

창의 ④ 예 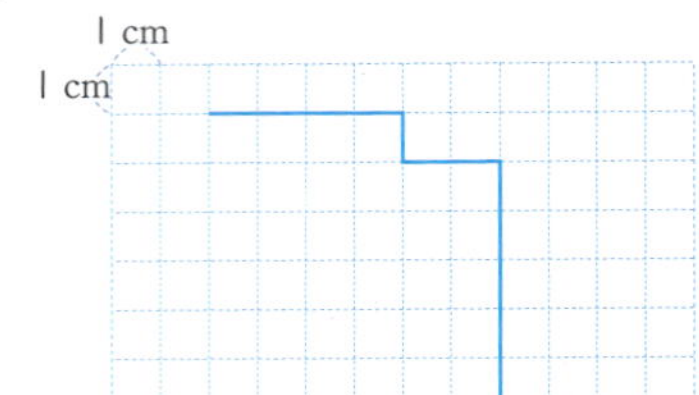

코딩 ⑤ 2, 5

코딩 ⑥ 왼쪽으로 2 / 위쪽으로 1

창의 ⑦ 예 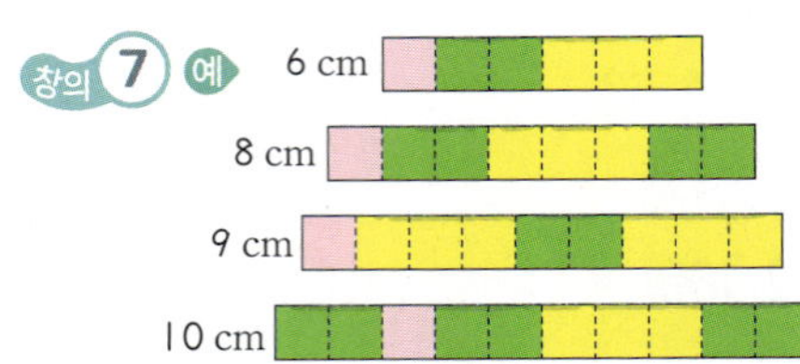
6 cm / 8 cm / 9 cm / 10 cm

융합 ⑧ 예 신발의 길이를 정확하게 만들어야 하기 때문이다.

종합 평가 실전 마무리 하기 96~99쪽

1 책장
2 필통, 가위, 색연필
3 지우개
4 14 cm
5 하나
6 민경
7 유화
8 ㉡
9 4번
10 주하

5 분류하기

STEP 1 문제 해결력 기르기 102~105쪽

선행 문제 1
빨간, 노란

실행 문제 1
❶ 원, 삼각형   ❷ 모양

다르게 풀기
❶ 분홍색, 노란색   ❷ 색깔

선행 문제 2

종류	사과	귤	바나나
세면서 표시하기	////	///	///
과일 수(개)	4	5	3

실행 문제 2
❶ 풀이 참고
❷ 초콜릿
답 초콜릿 맛

선행 문제 3
2, 4, 2 / 돼지

실행 문제 3
❶ 바다, 하늘 / 땅, 땅   ❷ 비행기
답 비행기

선행 문제 4
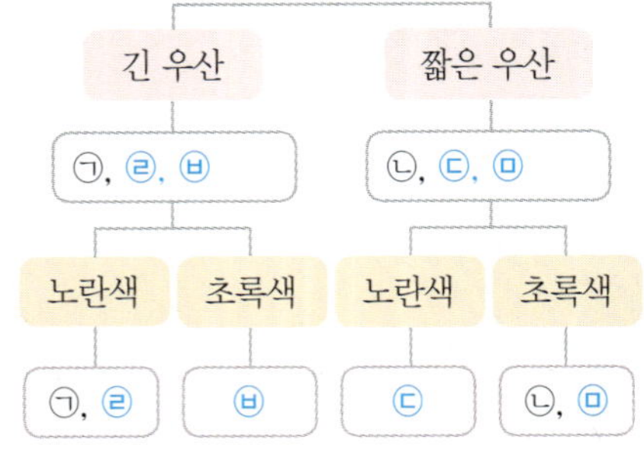

실행 문제 4
❶ 
❷ ㉡, ㉣
답 ㉡, ㉣

2 STEP 수학 사고력 키우기 106~109쪽

대표 문제 1

구 두

① 예 색깔
② 예 글자와 숫자

쌍둥이 문제 1-1

① 분류 기준 1 ▶ 예 색깔
② 분류 기준 2 ▶ 예 모양

대표 문제 2

구 적은

①

종류	팥빵	도넛	식빵	피자빵
세면서 표시하기				
빵 수(개)	4	6	1	3

② 식빵

쌍둥이 문제 2-1

풀

대표 문제 3

주 케이크, 채소

① 채소
② 우유, 음료

쌍둥이 문제 3-1

ㅈ, 컵

대표 문제 4

구 사각형, 4

①

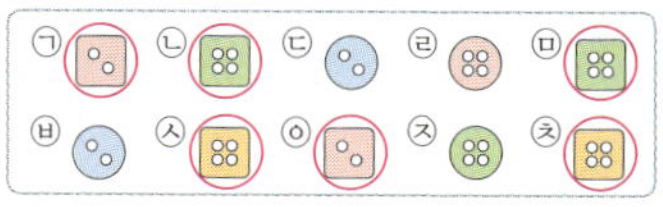

② ㄴ, ㅁ, ㅅ, ㅈ   ③ 4개

쌍둥이 문제 4-1

3장

3 STEP 수학 독해력 완성하기 110~113쪽

독해 문제 1

알맞지 않다. / 이유 풀이 참고

독해 문제 2

① 귤, 배   ② 감

독해 문제 3

주 초록색
① 7장   ② 9장
③ 4장   ④ 빨간색

독해 문제 4

주 빨간
① ㄹ, ㅂ, ㅇ   ② ㄹ, ㅇ
③ 2개

독해 문제 5

주 딸기
① 4, 2, 1, 5
② 딸기 맛   ③ 딸기 맛

4 STEP 창의·융합·코딩 체험하기 114~117쪽

창의 ① ㄹ

창의 ② 3개

융합 ③

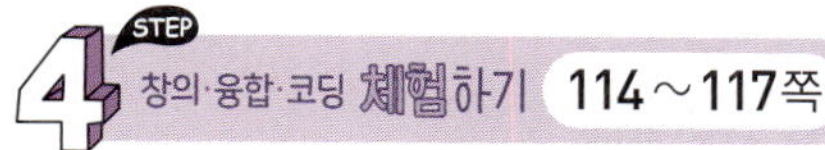

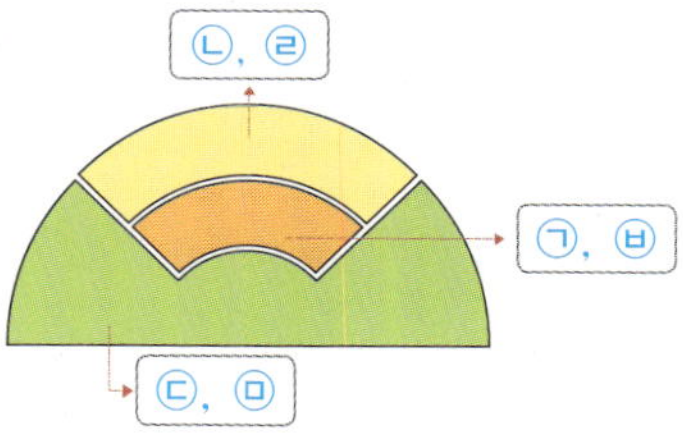

창의 ④ 8개

융합 ⑤ ㄴ

코딩 ⑥ 5개

코딩 ⑦ 7개

종합 평가 실전 마무리 하기 118~121쪽

1 ㄴ   2 5, 2

3 예 다리의 수, 활동하는 곳

4 배구공   5 ㄴ, 슬리퍼

6 빨간색   7 ㄹ, ㅅ

8 2개   9 맑은 날

10 지우개

6 곱셈

1 STEP 문제 해결력 기르기 124~129쪽

선행 문제 1

(1) 6 / 6, 12
(2) 9 / 9, 27

실행 문제 1

① 3
② 3, 12
답 12개

쌍둥이 문제 1-1

8개

선행 문제 2

(1) 7, 7
(2) 3, 3

실행 문제 2

① 4, 20
② 5, 5 / 5
답 5배

선행 문제 3

(1) 3, 6
(2) 4, 7

실행 문제 3

① 4
② 4, 32
답 32개

선행 문제 4

(1) 6, 54 /
　　6, 6, 54
(2) 8, 64 /
　　8, 8, 64

실행 문제 4

① 2, 6
② 6, 18
답 18개

쌍둥이 문제 4-1
54개

실행 문제 5
❶ 3, 2
❷ 3, 2, 6
답 6가지

선행 문제 6
(1) 2, 5
(2) 6, 6

실행 문제 6
❶ 4, 8
❷ 3, 12
❸ 8, 12, 20
답 20개

2 STEP 수학 사고력 키우기 130~135쪽

대표 문제 1
❶ 3, 6
❷ 3×6=18, 18개

쌍둥이 문제 1-1
25장

대표 문제 2
❶ 7개, 21개
❷ 3묶음
❸ 3배

쌍둥이 문제 2-1
5배

대표 문제 3
구 육각형
❶ 4줄
❷ 5×4=20, 20개

쌍둥이 문제 3-1
36개

대표 문제 4
주 4, 3
❶ 2개
❷ 8개
❸ 24개

쌍둥이 문제 4-1
40개

대표 문제 5
❶ 4개, 2개
❷ 4×2=8, 8가지

쌍둥이 문제 5-1
35가지

대표 문제 6
주 8, 9
❶ 32개
❷ 18개
❸ 50개

쌍둥이 문제 6-1
6개

3 STEP 수학 독해력 완성하기 136~139쪽

독해 문제 1
❶ 9
❷ 9

독해 문제 2
❶ 32개
❷ 필통

독해 문제 3
❶ 27개
❷ 31개

독해 문제 4
❶ 56개
❷ 53개

독해 문제 5
주 6
❶ 24   ❷ 3묶음
❸ 3배

독해 문제 6
구 클
주 2
❶ 클수록에 ○표
❷ 예 7, 4   ❸ 28

4 STEP 창의·융합·코딩 체험하기 140~143쪽

창의 ① 10개
융합 ② 40장
융합 ③ 21개
창의 ④ 2×9 / 4×6 / 8×3
창의 ⑤ 35 / ( ) (○)
창의 ⑥ 6개
창의 ⑦ 4
코딩 ⑧ 16

종합 평가 실전 마무리 하기 144~147쪽

1 32개
2 6배
3 21개
4 4
5 송편
6 6개
7 45세
8 16가지
9 34개
10 48

정답과 자세한 풀이

1 세 자리 수

FUN한 이야기   4~5쪽

< / 나

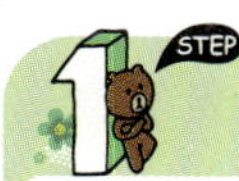

1 STEP 문제 해결력 기르기   6~11쪽

선행 문제 1

(1) **십**에 ◯표, 40
(2) **백**에 ◯표, 400

실행 문제 1

❶ 십, 30 / 백, 300 / 일, 3
❷ ㉡   **답** ㉡

> **주의**
> 숫자가 같아도 자리에 따라 나타내는 값이 다르다.
> 888
> → 일의 자리 숫자 : 8
> → 십의 자리 숫자 : 80
> → 백의 자리 숫자 : 800

선행 문제 2

(1) **십**에 ◯표, 10
(2) **일**에 ◯표, 1

실행 문제 2

❶ **백**에 ◯표, 1, 100
❷ 739, 839   **답** 839

> **참고**
> • 뛰어서 세는 수의 규칙 찾기
> 어느 자리 숫자가 어떻게 달라지는지 알아본다.
> 예 100 – 101 – 102 – 103
> → 일의 자리 숫자가 1씩 커지므로 1씩 뛰어서 세었다.
> 예 220 – 230 – 240 – 250
> → 십의 자리 숫자가 1씩 커지므로 10씩 뛰어서 세었다.
> 예 240 – 340 – 440 – 540
> → 백의 자리 숫자가 1씩 커지므로 100씩 뛰어서 세었다.

선행 문제 3

(1) **큰**에 ◯표, >, 볼펜
(2) **큰**에 ◯표, >, 민석

실행 문제 3

❶ **큰**에 ◯표
❷ <
❸ 복숭아에 ◯표

답 복숭아

> **참고**
> • 수의 크기 비교
> ① 백의 자리 숫자부터 비교한다.
> ② 백의 자리 숫자가 같으면 십의 자리 숫자를 비교한다.
> ③ 백의 자리 숫자와 십의 자리 숫자가 각각 같으면 일의 자리 숫자를 비교한다.
> 예 234  456   예 412 ◯ 415
>   └2<4┘   └2<5┘

쌍둥이 문제 3-1

❶ [전략] '더 적은'이므로 더 작은 수를 찾아보자.
더 적은 학생을 구해야 하므로 더 작은 수를 찾는다.
❷ [전략] 백, 십의 자리 숫자가 같으면 일의 자리 숫자를 비교하자.
170<177
❸ 더 적은 학생은 남학생이다.

답 남학생

선행 문제 4

(1) 532
(2) 3, 5 / 235

실행 문제 4

❶ 4, 3, 2
❷ 943
❸ 234

답 943, 234

선행 문제 5

1, 3, 315

실행 문제 5

❶ 1

❷ 4, 424

답▶ 424개

참고
· 100이 ■개, 10이 ▲개, 1이 ●개인 수 ➡ ■▲●
예 100이 5개, 10이 3개, 1이 2개인 수
100이 5개: 500
100이 3개: 30 ┐ 532
1이 2개: 2 ┘

주의
10이 ★개인 수를 구할 때 ★이 10과 같거나 10보다 큰 경우
10이 10개인 수 ➡ 100이 1개인 수 ➡ 100
10이 11개인 수 ➡ 100이 1개, 10이 1개인 수 ➡ 110
10이 12개인 수 ➡ 100이 1개, 10이 2개인 수 ➡ 120
⋮
예 100이 2개, 10이 12개, 1이 3개인 수

100이 2개
10이 12개 ➡ 100이 1개, 10이 2개
1이 3개

100이 3개, 10이 2개, 1이 3개인 수와 같으므로 3230이다.

선행 문제 6

(1) 934　　(2) 315

실행 문제 6

❶ 5

❷ 547

답▶ 547

쌍둥이 문제 6-1

❶ 백의 자리 숫자: 6

❷ 세 자리 수: 6 9 3

답▶ 693

STEP 2 수학 사고력 키우기 　12~17쪽

대표 문제 1

구 6

해 ❶ ㉠에서 6은 일의 자리 숫자이고, 6을 나타낸다.

㉡에서 6은 십의 자리 숫자이고, 60을 나타낸다.

㉢에서 6은 백의 자리 숫자이고, 600을 나타낸다.

답▶ 6, 60, 600

❷ ㉢ 600 > ㉡ 60 > ㉠ 6

답▶ ㉢

쌍둥이 문제 1-1

구 3이 나타내는 값이 가장 큰 것

어 3이 나타내는 값을 각각 구하여, 그 수의 크기를 비교하자.

❶ 3이 나타내는 값: ㉠ 30, ㉡ 300, ㉢ 3

❷ 3이 나타내는 값이 가장 큰 것: ㉡

답▶ ㉡

참고
❶ ㉠에서 3은 십의 자리 숫자이고, 30을 나타낸다.
㉡에서 3은 백의 자리 숫자이고, 300을 나타낸다.
㉢에서 3은 일의 자리 숫자이고, 3을 나타낸다.
❷ ㉡ 300 > ㉠ 30 > ㉢ 3

대표 문제 2

해 ❶ 십의 자리 숫자가 1씩 커지므로 10씩 뛰어서 세는 규칙이다.

답▶ 10

❷ 717부터 10씩 뛰어서 세어 본다.

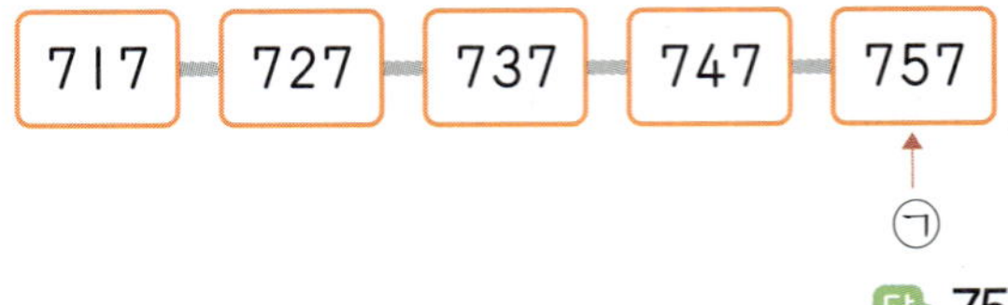

답▶ 757

쌍둥이 문제 2-1

구 [보기]의 규칙으로 뛰어서 세었을 때 ㉠에 알맞은 수

주 578부터 규칙적으로 뛰어서 센 수

❶ [보기]의 규칙: 1씩 뛰어서 세는 규칙이다.

참고
일의 자리 숫자가 1씩 커지므로 1씩 뛰어서 세는 규칙이다.

❷ 위 ❶에서 찾은 규칙으로 656부터 뛰어서 세기:
656 - 657 - 658 - 659 - 660
㉠

답▶ 660

대표 문제 3

해 ❶ 온 순서대로 앞 번호의 번호표를 받는다.

답 **작은**에 ◯표

❷ 백의 자리 숫자는 1로 모두 같으므로 십의 자리 숫자를 비교한다. ➡ 135<150<194

답 135, 150, 194

❸ 번호표의 수가 작을수록 먼저 들어가므로 은지네 가족이 가장 먼저 들어간다.

답 은지

쌍둥이 문제 3-1

구 번호표를 가장 늦게 뽑은 사람

❶ 번호표를 가장 늦게 뽑은 사람을 찾으려면 번호표의 수가 가장 큰 것을 찾는다.

❷ 번호표의 수의 크기 비교하기:
303>297>265

❸ 번호표를 가장 늦게 뽑은 사람: 상윤

참고 번호표를 가장 늦게 뽑은 사람은 번호표의 수가 가장 큰 상윤이다.

답 상윤

대표 문제 4

해 ❶ 수 카드의 수의 크기를 비교한다.
➡ 0<1<2<9

답 0, 1, 2, 9

❷ 백의 자리에 0은 올 수 없으므로 백의 자리 숫자는 두 번째로 작은 수인 1이다.

답 1

❸
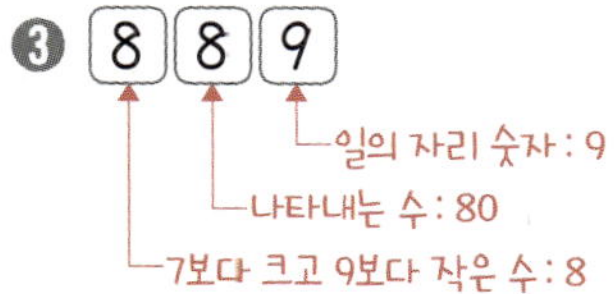

답 102

쌍둥이 문제 4-1

❶ 수 카드의 수의 크기 비교하기: 0<3<5<7

❷ 전략 백의 자리에 0은 올 수 없으므로 백의 자리에 두 번째로 작은 수를 놓자.

백의 자리 숫자: 3

❸ 가장 작은 세 자리 수: 305

답 305

참고
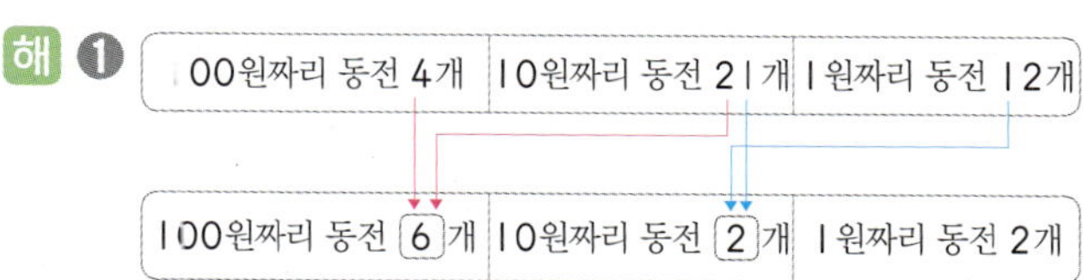

대표 문제 5

해 ❶
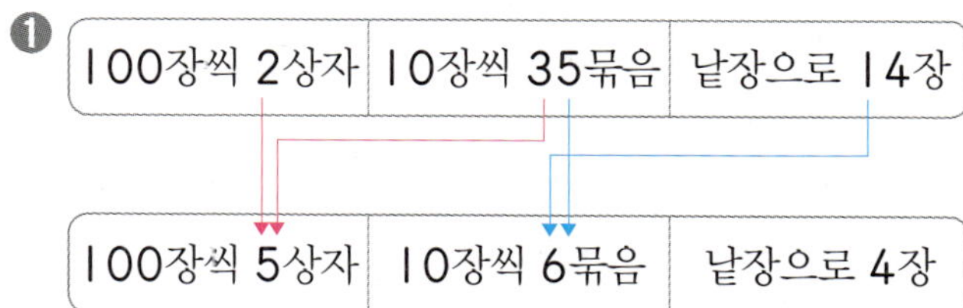

답 6, 2

❷ 윤지가 가지고 있는 돈은 100원짜리 동전 6개, 10원짜리 동전 2개, 1원짜리 동전 2개인 경우와 같으므로 모두 622원이다.

답 622원

쌍둥이 문제 5-1

구 전체 색종이의 장수

어 ❶ 색종이 10장씩 10묶음은 100장씩 1상자와 같다는 것을 이용하여

❷ 전체 색종이의 장수를 간단하게 나타내어 모두 몇 장인지 구하자.

❶
100장씩 2상자 | 10장씩 35묶음 | 낱장으로 14장
100장씩 5상자 | 10장씩 6묶음 | 낱장으로 4장

❷ 전체 색종이의 장수: 564장

답 564장

대표 문제 6

해 ❶ 7보다 크고 9보다 작은 수는 8이다.

답 8

❷ 십의 자리 숫자가 80을 나타내므로 십의 자리 숫자는 8이다.

답 8

❸
8 8 9
일의 자리 숫자: 9
나타내는 수: 80
7보다 크고 9보다 작은 수: 8

답 889

쌍둥이 문제 | 6-1

❶ 백의 자리 숫자: 4
❷ 십의 자리 숫자: 5
❸ 세 자리 수: 456

답 456

참고
❶ 3보다 크고 5보다 작은 수는 4이다.
❷ 십의 자리 숫자가 50을 나타내므로 십의 자리 숫자는 5이다.
❸ 4 5 6
일의 자리 숫자: 6
나타내는 수: 50
3보다 크고 5보다 작은 수: 4

STEP 3 수학 독해력 완성하기 18~21쪽

독해 문제 | 1

주 986

해 ❶ 9 8 6 – 9 7 6 – 9 6 6 – 9 5 6
→ 십의 자리 숫자가 1씩 작아진다.
답 **십**에 ○표, **작아진다**에 ○표

❷ 십의 자리 숫자가 1씩 작아지므로 10씩 거꾸로 뛰어서 세는 규칙이다.
답 10

❸ 956보다 10만큼 더 작은 수는 946이다.
답 946

독해 문제 | 1-1　　　정답에서 제공하는 **쌍둥이 문제**

뛰어서 세는 규칙을 찾아/
㉠에 알맞은 수를 구해 보세요.

| 850 | 750 | 650 | 550 | ㉠ |

어 어느 자리 숫자가 몇씩 변하는지 알아보고, 뛰어서 세는 규칙을 찾아 ㉠에 알맞은 수를 구하자.
해 ❶ 백의 자리 숫자가 1씩 작아진다.
❷ 100씩 거꾸로 뛰어서 세는 규칙이다.
❸ 550보다 100만큼 더 작은 수는 450이다.
답 450

독해 문제 | 2

주 2, 1
해 ❶ 백 모형이 1개일 때와 0개일 때를 생각하여 표를 완성해 본다.

답

백 모형	십 모형	일 모형	나타내는 수
1	2	0	120
1	1	1	111
0	2	1	21

❷ 21은 세 자리 수가 아니므로 나타낼 수 있는 세 자리 수는 120, 111이다.
답 120, 111

❸ 120, 111 → 2가지
답 2가지

독해 문제 | 2-1　　　정답에서 제공하는 **쌍둥이 문제**

주어진 수 모형 4개 중 3개를 사용하여 나타낼 수 있는 세 자리 수는/ 모두 몇 가지인가요?

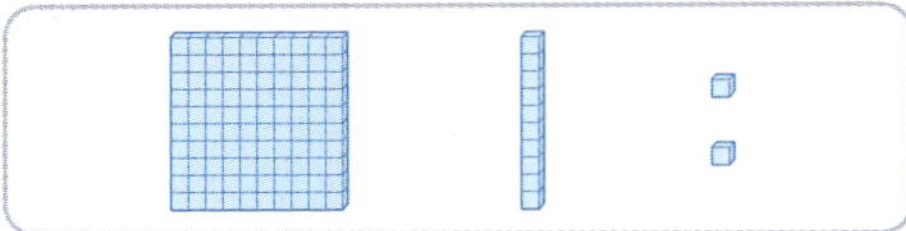

구 수 모형 3개를 사용하여 나타낼 수 있는 세 자리 수
주 백 모형 1개, 십 모형 1개, 일 모형 2개
어 1 표를 만들어 백 모형, 십 모형, 일 모형의 개수에 따라 나타낼 수 있는 수를 알아보고
2 나타낼 수 있는 수 중에서 세 자리 수의 개수를 구하자.
해 ❶ 표의 빈칸을 채워 수 모형 3개를 사용하여 나타낼 수 있는 수를 알아본다.

백 모형	십 모형	일 모형	나타내는 수
1	1	1	111
1	0	2	102
0	1	2	12

❷ 12는 세 자리 수가 아니므로 나타낼 수 있는 세 자리 수는 111, 102이다.
❸ 111, 102 → 2가지
답 2가지

독해 문제 3

해 ❶ 백의 자리 숫자가 ㉠은 8이고, ㉡, ㉢은 9이므로 가장 큰 수가 될 수 있는 수는 ㉡, ㉢이다.

답 ㉡, ㉢

❷ 십의 자리 숫자가 ㉡은 5, ㉢은 0이므로 두 수 중에서 더 큰 수는 ㉡이다.

답 ㉡

❸ ㉡>㉢>㉠이므로 가장 큰 수는 ㉡이다.

답 ㉡

독해 문제 3-1 정답에서 제공하는 **쌍둥이 문제**

세 자리 수의 일부가 보이지 않습니다. / 가장 큰 수를 찾아 기호를 써 보세요.

㉠ 5●4   ㉡ 62●   ㉢ 67●

구 가장 큰 수

주 일부가 보이지 않는 세 자리 수

어 백의 자리 숫자, 십의 자리 숫자의 크기를 차례로 비교하여 가장 큰 수를 구하자.

해 ❶ 백의 자리 숫자가 ㉠은 5이고, ㉡, ㉢은 6이므로 가장 큰 수가 될 수 있는 수는 ㉡, ㉢이다.

❷ 십의 자리 숫자가 ㉡은 2, ㉢은 7이므로 두 수 중에서 더 큰 수는 ㉢이다.

❸ ㉢>㉡>㉠이므로 가장 큰 수는 ㉢이다.

답 ㉢

독해 문제 4

주 3, 2

해 ❶ 백의 자리에 3, 일의 자리에 2를 써넣는다.

답 3□2

❷ 3□2가 380보다 큰 수가 되려면 빈 자리에 들어갈 수 있는 숫자는 8, 9이다.

답 8, 9

❸ 십의 자리 숫자가 될 수 있는 수가 8, 9이므로 382, 392이다.

답 382, 392

독해 문제 4-1 정답에서 제공하는 **쌍둥이 문제**

백의 자리 숫자가 7, 일의 자리 숫자가 8인 세 자리 수 중 / 760보다 큰 수를 모두 써 보세요.

주 백의 자리 숫자가 7, 일의 자리 숫자가 8인 세 자리 수

어 ❶ 백의 자리 숫자가 7, 일의 자리 숫자가 8인 세 자리 수를 만들어 보고

❷ 이 수 중에서 760보다 큰 수를 구하자.

해 ❶ 백의 자리에 7, 일의 자리에 8을 써넣는다.

→ 7□8

❷ 7□8이 760보다 큰 수가 되려면 빈 자리에 들어갈 수 있는 숫자는 6, 7, 8, 9이다.

❸ 십의 자리 숫자가 될 수 있는 수가 6, 7, 8, 9이므로 768, 778, 788, 798이다.

답 768, 778, 788, 798

4 STEP 창의·융합·코딩 **체험하기** 22~25쪽

창의 1

왼쪽 다이얼에서 ▲가 가리키는 숫자: 2
가운데 다이얼에서 ▲가 가리키는 숫자: 9
오른쪽 다이얼에서 ▲가 가리키는 숫자: 6

→ 296

답 296

창의 2

왼쪽 다이얼에서 ▲가 가리키는 숫자: 1
가운데 다이얼에서 ▲가 가리키는 숫자: 8
오른쪽 다이얼에서 ▲가 가리키는 숫자: 3

→ 183

답 183

창의 3

[규칙 1] 101 - 102 - 103 - 104 - 105
→ 1씩 뛰어서 세었다.

[규칙 2] 101 - 201 - 301 - 401
→ 100씩 뛰어서 세었다.

답 1, 100

창의 **4**

40 | 에서 오른쪽으로 | 씩 뛰어서 세어 본다.

➡ 40 | − 402 − 403 − 404 − 405
　　　　　　　하린이네 집

답 403호

다르게 풀기

| 03에서 위쪽으로 | 00씩 뛰어서 세어 본다.

➡ | 03 − 203 − 303 − 403
　　　　　　　하린이네 집

답 403호

창의 **5**

7★3<8★0이므로 8★0쪽 길, 91★<99★이므로 99★쪽 길을 따라 끝까지 이동하면 포도가 놓여 있다.

답 포도

코딩 **6**

로봇이 주어진 명령대로 움직였을 때 받는 동전은 100원이 1개, 10원이 2개이다.
따라서 동전은 모두 120원이다.

답 120원

코딩 **7**

로봇이 주어진 명령대로 움직였을 때 받는 동전은 100원이 2개, 10원이 1개이다.
따라서 동전은 모두 210원이다.

답 210원

종합평가 실전 **마무리** 하기　26~29쪽

1 • 100은 70보다 30만큼 더 큰 수 ➡ ㉠=30
　• 100은 99보다 1만큼 더 큰 수 ➡ ㉡=1

답 30, 1

2 ㉠ 일의 자리 숫자는 3이고 3을 나타낸다.
　㉡ 십의 자리 숫자는 0이다.

답 ㉢

3 ❶ 십의 자리 숫자가 1씩 커지므로 10씩 뛰어서 세는 규칙이다.
　❷ 위 ❶에서 찾은 규칙으로 243부터 뛰어서 세기:
　243 − 253 − 263
　　　　　　　　㉠

답 263

4 ❶ 7이 나타내는 값: ㉠ 7, ㉡ 70, ㉢ 700
　❷ 7이 나타내는 값이 가장 큰 것: ㉢

답 ㉢

5 ❶ 백의 자리 숫자가 3으로 같다.
　❷ 십의 자리 숫자가 ㉠은 3, ㉡은 5이므로 더 큰 수는 ㉡이다.

답 ㉡

6 ❶ 줄넘기를 가장 적게 한 사람을 구해야 하므로 수가 가장 작은 것을 찾는다.
　❷ 줄넘기를 한 수의 크기 비교하기:
　304<326<329
　❸ 줄넘기를 가장 적게 한 사람: 윤하

답 윤하

7 ❶

100원짜리 동전 6개	10원짜리 동전 17개	1원짜리 동전 3개

100원짜리 동전 7개	10원짜리 동전 7개	1원짜리 동전 3개

　❷ 전체 금액: 773원

답 773원

8 ❶ 백의 자리 숫자와 십의 자리 숫자가 같으므로 □ 안에는 6보다 큰 수가 들어가야 한다.
　❷ □ 안에 들어갈 수 있는 수: 7, 8, 9

답 7, 8, 9

9 ❶ 수 카드의 수의 크기 비교하기: 0<4<5<9
　❷ 백의 자리 숫자: 4
　❸ 가장 작은 세 자리 수: 405

답 405

10 ❶ 백의 자리 숫자: 5
　❷ (십의 자리 숫자)+(일의 자리 숫자)=6,
　　(십의 자리 숫자)=(일의 자리 숫자)=3
　❸ 세 자리 수: 533

답 533

2 여러 가지 도형

FUN한 기억 노트
30~31쪽

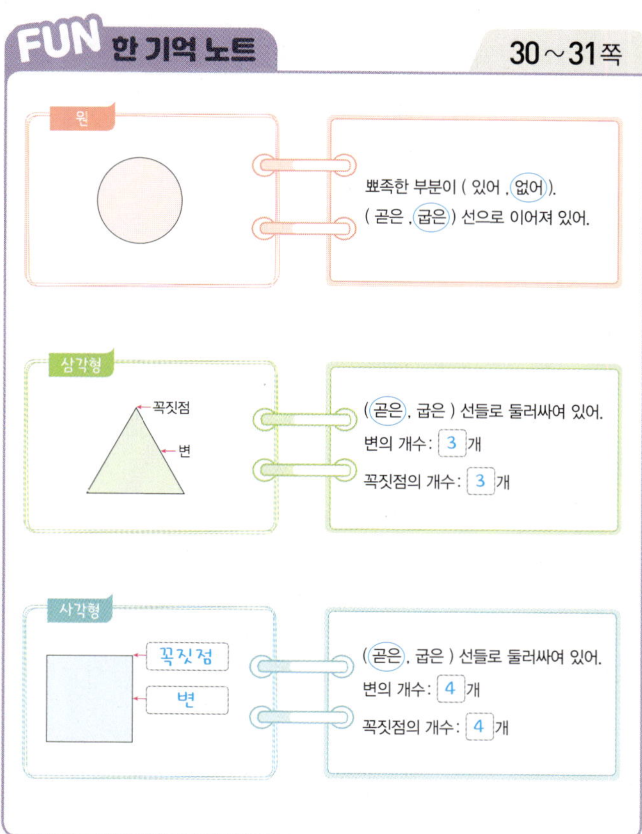

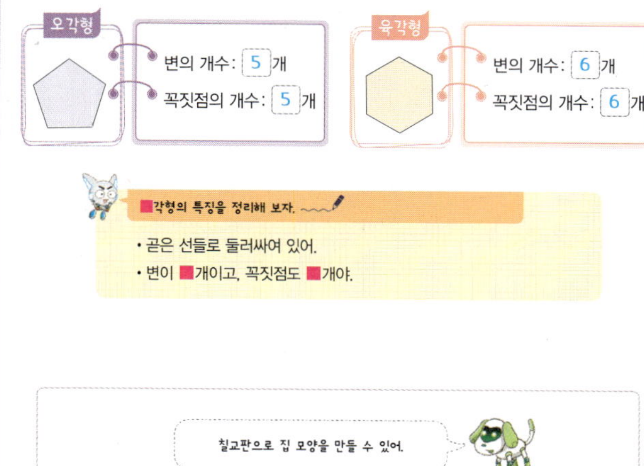

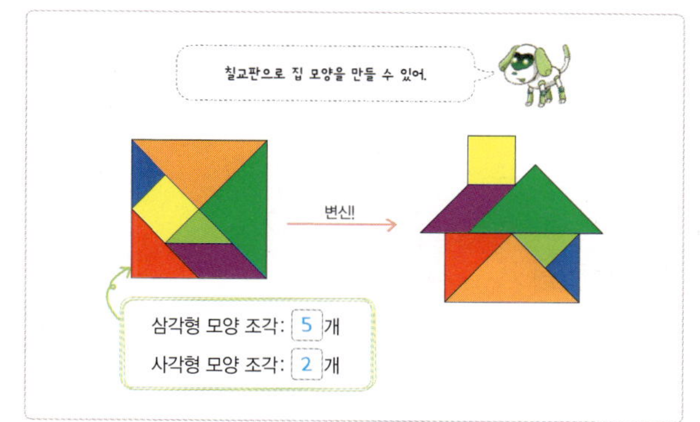

문제 해결력 기르기
32~35쪽

선행 문제 1

3, 삼

실행 문제 1

❶ 4, 사각형

❷ 4

답▶ 사각형, 4개

참고 점선을 따라 자르면 아래와 같다.

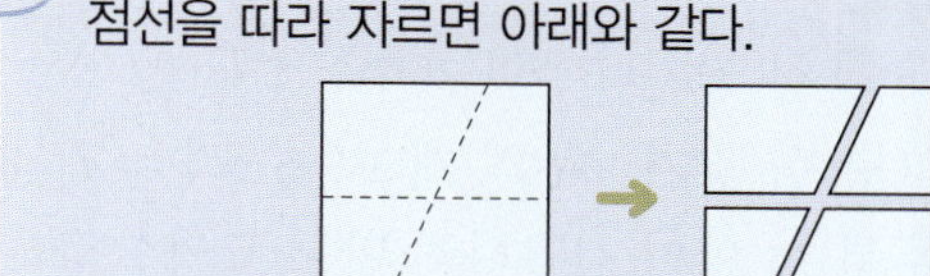

쌍둥이 문제 1-1

❶ 잘랐을 때 생기는 도형의 변의 수 : 3
→ 도형의 이름 : 삼각형

❷ 도형의 개수 : 3개

답▶ 삼각형, 3개

참고 점선을 따라 자르면 아래와 같다.

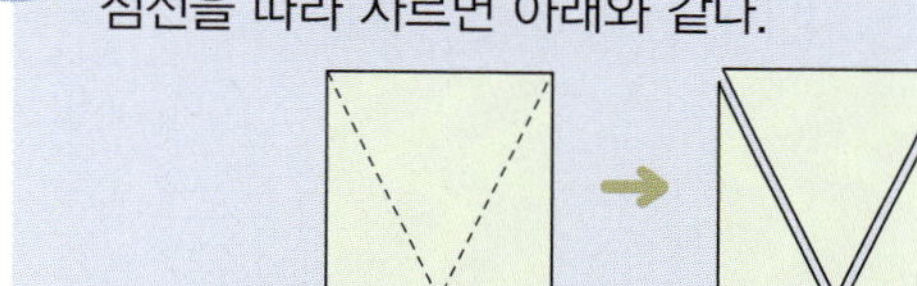

선행 문제 2

(1) 3

(2) 5

실행 문제 2

❶ 4, 6

❷ ㉡

답▶ ㉡

쌍둥이 문제 2-1

❶ ㉠ 사각형의 꼭짓점의 수 : 4
㉡ 삼각형의 변의 수 : 3

❷ 수가 더 큰 것의 기호 : ㉠

답▶ ㉠

선행 문제 3

3 / 2 / 3, 2, 5

실행 문제 3

❶ 5

❷ 5, 1, 6

참고
1층에 쌓은 쌓기나무의 개수: 5개
2층에 쌓은 쌓기나무의 개수: 1개
➡ 5+1=6(개)

❸ ㉡

답 ㉡

쌍둥이 문제 3-1

❶ ㉠에서 사용한 쌓기나무의 개수: 5개

❷ ㉡에서 사용한 쌓기나무의 개수: 6+1=7(개)

❸ 쌓기나무를 더 많이 사용하여 만든 모양: ㉡

답 ㉡

선행 문제 4

(1) 삼각형에 △표(위 그림 참고), **3개**
(2) 사각형에 □표(위 그림 참고), **2개**

실행 문제 4

❶ 5

❷ 2

❸ 5, 2, 3

답 3개

참고
삼각형은 △표, 사각형은 □표 해 본다.

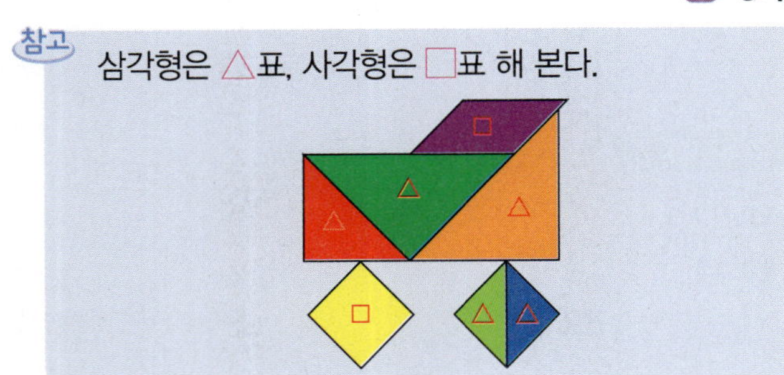

2 STEP 수학 사고력 키우기 36~39쪽

대표 문제 1

해 ❶ 답 

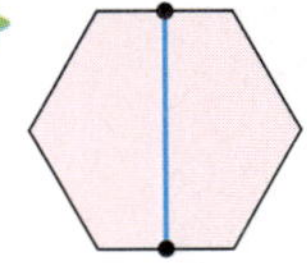

---

❷ 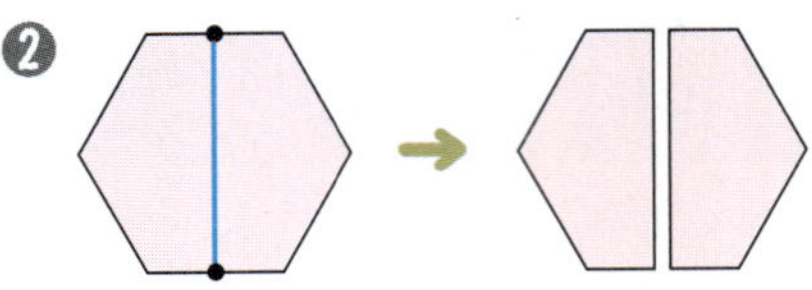

➡ 곧은 선 5개로 둘러싸인 도형이 2개 생기므로 오각형이 2개이다.

답 **오각형, 2개**

쌍둥이 문제 1-1

구 잘랐을 때 생기는 도형과 그 개수

어 1 세 점을 이어 삼각형을 그리고, 삼각형의 변을 따라 잘랐을 때

2 생기는 도형의 이름과 그 개수를 구하자.

❶ 종이에 찍은 세 점을 이어 본다.

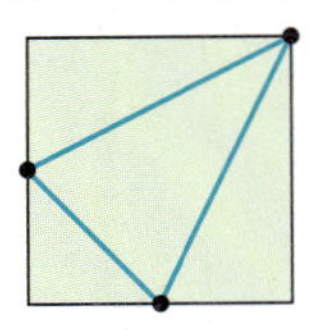

❷ 삼각형의 변을 따라 자르면 생기는 도형과 개수: 삼각형, 4개

답 **삼각형, 4개**

참고

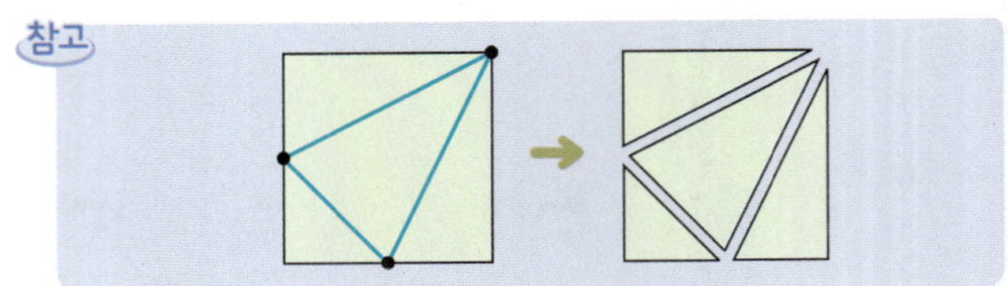

대표 문제 2

주 • 오각형
• 삼각형

해 ❶ 오각형은 변이 5개, 삼각형은 꼭짓점이 3개이다. ➡ ㉠=5, ㉡=3

답 5, 3

❷ 5+3=8

답 8

쌍둥이 문제 2-1

구 ㉠과 ㉡의 차

주 • 육각형의 변의 수
• 사각형의 꼭짓점의 수

❶ ㉠ 육각형의 변의 수: 6
㉡ 사각형의 꼭짓점의 수: 4

❷ ㉠과 ㉡의 차: 6-4=2

답 2

대표 문제 ③

해 ❶ 나는 1층으로 쌓았다.　　　답 가, 다

❷ 위 ❶에서 찾은 모양 중에서 1층에 3개가 있는 것은 가이다.
→ 가: 3개, 다: 4개　　　답 가

쌍둥이 문제 3-1

구 쌓기나무를 설명에 맞게 쌓은 것 찾기

어 1층에 5개가 있는 모양을 모두 찾고, 그중에서 2층으로 쌓은 모양을 찾아보자.

❶ 1층에 5개가 있는 모양: 가, 다

❷ 설명에 맞게 쌓은 모양: 가　　　답 가

> 참고
> ❶ 나는 1층에 6개가 있다.
> ❷ 위 ❶에서 찾은 모양 중에서 2층으로 쌓은 모양은 가이다. → 가: 2층, 다: 1층

대표 문제 ④

해 ❶ 삼각형은 △표, 사각형은 □표, 원은 ○표 해 본다.

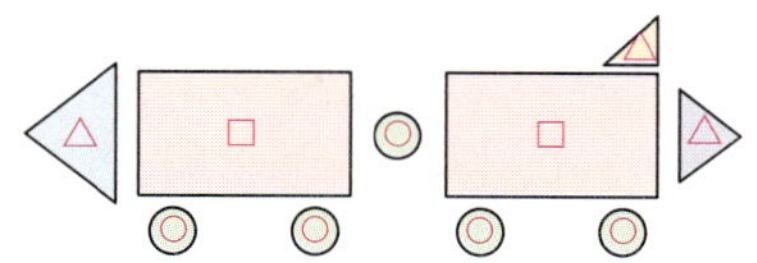

답 3개, 2개, 5개

❷ 5개 > 3개 > 2개이므로 가장 많이 사용한 도형은 원이다.　　　답 원

쌍둥이 문제 4-1

구 가장 적게 사용한 도형

어 1 같은 모양끼리 표시하면서 각 모양의 개수를 센 다음

2 가장 적게 사용한 모양을 찾아보자.

❶ 사용한 도형의 개수: 삼각형 6개, 사각형 2개, 오각형 1개

❷ 가장 적게 사용한 도형: 오각형　　　답 오각형

> 참고
> 삼각형은 △표, 사각형은 □표, 오각형은 ○표 해 본다.
> 

3 STEP 수학 독해력 완성하기 〔40～43쪽〕

독해 문제 1

해 ❶ 동그란 모양의 도형을 모두 찾아본다.　　　답 3, 9

❷ 3+9=12　　　답 12

독해 문제 2

해 ❶ 사용한 쌓기나무의 개수: 5+2=7(개)　　　답 7개

❷ (사용하고 남은 쌓기나무의 개수)
＝(처음에 있던 쌓기나무의 개수)
－(사용한 쌓기나무의 개수)
＝10－7=3(개)　　　답 3개

독해 문제 3

해 ❶ 삼각형은 곧은 선들로 둘러싸여 있으며, 꼭짓점이 3개이다.　　　답 ㉠, ㉡

❷ 사각형은 곧은 선들로 둘러싸여 있으며, 변이 4개이다.　　　답 ㉡, ㉢

❸ 삼각형과 사각형의 공통점은 위 ❶, ❷의 답에 공통으로 있는 ㉡이다.　　　답 ㉡

독해 문제 4

해 ❶ ㉠ 4+1=5(개)　㉡ 3+1=4(개)
㉢ 4+1+1=6(개)　　　답 5개, 4개, 6개

❷ 6개 > 5개 > 4개이므로 쌓기나무를 가장 많이 사용하여 만든 모양은 ㉢이다.　　　답 ㉢

독해 문제 | 5

해

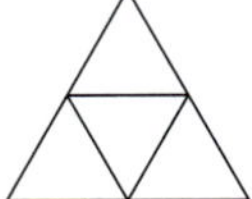

❶ ①, ②, ③ ➡ 3개　　　　　답 3개
❷ ①+②, ②+③ ➡ 2개　　　답 2개
❸ ①+②+③ ➡ 1개　　　　　답 1개
❹ 3+2+1=6(개)　　　　　답 6개

독해 문제 | 5-1　　　정답에서 제공하는 **쌍둥이 문제**

그림에서 찾을 수 있는 크고 작은 삼각형은/
모두 몇 개인가요?

구 그림에서 찾을 수 있는 크고 작은 삼각형의 개수
어 ❶ 가장 작은 삼각형의 개수와
　　❷ 가장 작은 삼각형을 붙여서 만들 수 있는
　　　삼각형의 개수를 세어 더하자.

해
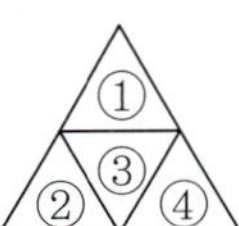

❶ 가장 작은 삼각형: ①, ②, ③, ④ ➡ 4개
❷ 가장 작은 삼각형 4개를 붙여서 만든 삼각
　형: ①+②+③+④ ➡ 1개
❸ 크고 작은 삼각형: 4+1=5(개)
　　　　　　　　　　　답 5개

독해 문제 | 6

주 • 6　　　• 7　　　• 11
해 ❶ • 삼각형의 변의 수: 3 ➡ 3+3=6
　　　• 삼각형의 변의 수: 3, 사각형의 변의 수: 4
　　　　　➡ 3+4=7
　　　• 오각형의 변의 수: 5, 육각형의 변의 수: 6
　　　　　➡ 5+6=11
　　　　　답 (위에서부터) 3, 6 /
　　　　　　　3, 4, 7(또는 4, 3, 7) /
　　　　　　　5, 6, 11(또는 6, 5, 11)

---

❷ ❶에서 구한 합과 세 사람이 말한 수가 같으
　므로 두 도형의 변의 수의 합을 말하는 규칙
　이다.
　　　　　　　답 **합**에 ◯표
❸ 사각형의 변의 수: 4, 오각형의 변의 수: 5
　➡ 4+5=9
　　　　　　　답 9

독해 문제 | 6-1　　　정답에서 제공하는 **쌍둥이 문제**

규칙을 찾아/ 빈칸에 알맞은 수를 구해 보세요.

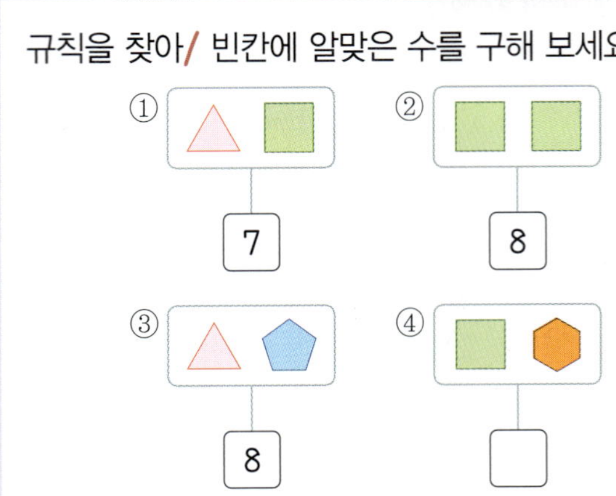

구 빈칸에 알맞은 수
어 도형의 변의 수를 이용하여 규칙을 찾고, 빈
　칸에 알맞은 수를 구하자.
해 ❶ ①, ②, ③에서 각각 두 도형의 변의 수의
　　합 구하기
　　①에서 삼각형의 변의 수: 3,
　　　　　사각형의 변의 수: 4
　　➡ 3+4=7
　　②에서 사각형의 변의 수: 4
　　➡ 4+4=8
　　③에서 삼각형의 변의 수: 3,
　　　　　오각형의 변의 수: 5
　　➡ 3+5=8
❷ 두 도형의 변의 수의 합을 구하는 규칙이
　다.
❸ ④에서 사각형의 변의 수: 4,
　　　　육각형의 변의 수: 6
　➡ 4+6=10
　　　　　　　답 10

참고 변의 수와 꼭짓점의 수가 같으므로 꼭짓점의 수를 이
용하여 구해도 된다.

STEP 4 창의·융합·코딩 체험하기 44~47쪽

창의 1

삼각형과 사각형을 찾을 수 있는 국기는 체코 국기이다.

답 **체코**

창의 2

원과 사각형을 찾을 수 있는 국기는 라오스 국기이다.

답 **라오스**

창의 3

오른쪽의 모양은  모양을 사용하지 않았다.

답 ( ) (×)

창의 4

답 

창의 5

사각형, 삼각형, 원, 원이 반복되는 규칙으로 빈칸에 알맞은 티셔츠의 무늬는 사각형이다.

답 (○) ( ) ( )

코딩 6

답 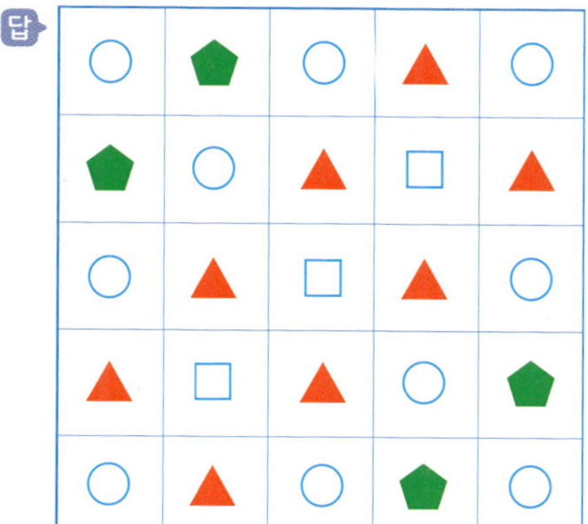

코딩 7

답 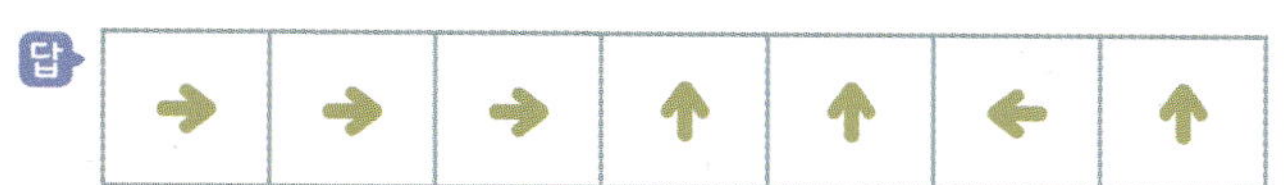

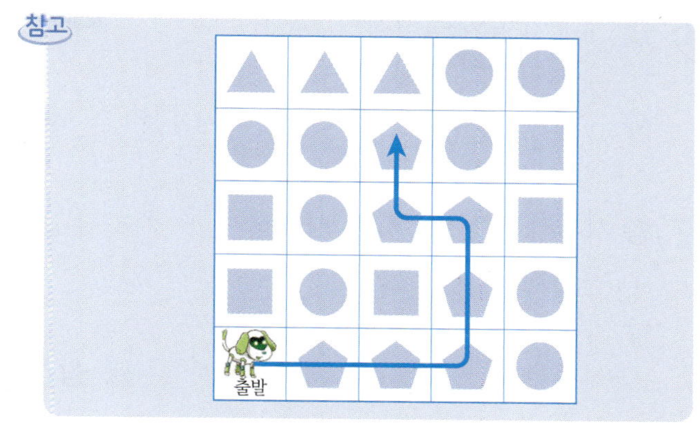

참고

실전 마무리 하기 48~51쪽

1 ❶ 도형은 오각형으로 변은 5개이다.
   ❷ 도형은 오각형으로 꼭짓점은 5개이다.

답 **5개, 5개**

2 ❶ 1층에 쌓은 쌓기나무의 개수: 5개
   2층에 쌓은 쌓기나무의 개수: 1개
   ❷ 5+1=6(개)

답 **6개**

3 ㉢ 원은 굽은 선으로 이어져 있다. 답 ㉢

참고
• 원
그림과 같은 모양을 원이라고 한다.

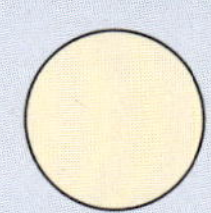  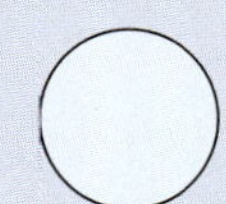

특징 뾰족한 부분이 없다.
곧은 선이 없다.
굽은 선으로 이어져 있다.
크기는 다르지만 생긴 모양이 서로 같다.

4 ❶ 잘랐을 때 생기는 도형의 변의 수: 3
   ➡ 도형의 이름: 삼각형
   ❷ 도형의 개수: 4개

답 **삼각형, 4개**

참고  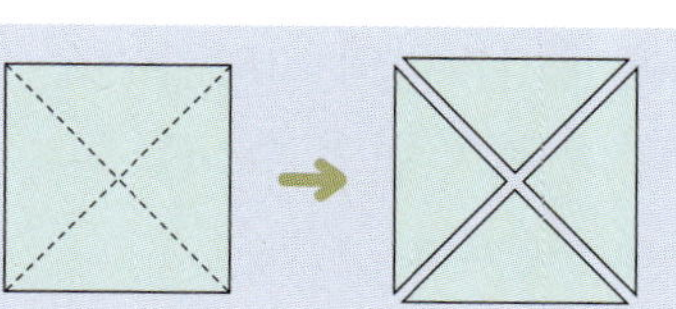

5 ❶ 사각형 안에 있는 수: 9, 5
   ❷ 9+5=14

답 **14**

6 ❶ ㉠ 오각형의 꼭짓점의 수: 5
　　ㄴ 사각형의 변의 수: 4
❷ ㉠과 ㄴ의 차: $5-4=1$　　　**답** 1

7 ❶ 사용한 도형의 개수: 삼각형 1개, 사각형 4개,
　　원 3개
❷ 가장 적게 사용한 도형: 삼각형
　　　　　　　　　　　　　답 삼각형

8 ❶ 1층에 4개가 있는 모양: ㉠, ㄴ
❷ 설명에 맞게 쌓은 모양: ㉠　　**답** ㉠

9
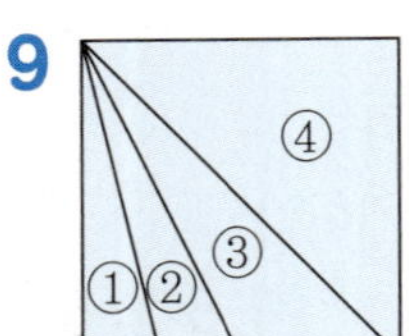

❶ 삼각형 1개짜리: ①, ②, ③, ④ ➡ 4개
❷ 삼각형 2개짜리: ①+②, ②+③ ➡ 2개
❸ 삼각형 3개짜리: ①+②+③ ➡ 1개
❹ 크고 작은 삼각형: $4+2+1=7$(개)
　　　　　　　　　　　　　　답 7개

10
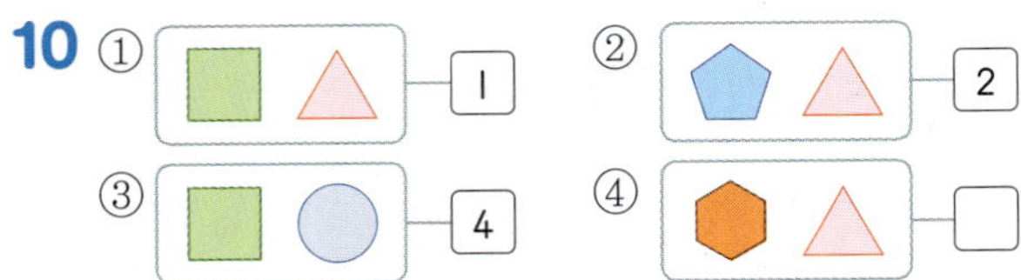

❶ ①, ②, ③에서 각각 두 도형의 변의 수의 차 구하기
①에서 사각형의 변의 수: 4,
　　　삼각형의 변의 수: 3
➡ $4-3=1$
②에서 오각형의 변의 수: 5,
　　　삼각형의 변의 수: 3
➡ $5-3=2$
③에서 사각형의 변의 수: 4,
　　　원의 변의 수: 0
➡ $4-0=4$
❷ 두 도형의 변의 수의 차를 구하는 규칙이다.
❸ ④에서 육각형의 변의 수: 6,
　　　삼각형의 변의 수: 3
➡ $6-3=3$　　　　　　　**답** 3

---

3 덧셈과 뺄셈

FUN한 이야기　　　52~53쪽

$27+3=30$, 30

STEP 1 문제 해결력 기르기　　54~59쪽

선행 문제 1
(1) $+$, 41
(2) $-$, 39

실행 문제 1

❶ 덧셈식에 ○표
❷ 47, 52
　　　　　　　　　　　　답 52살

쌍둥이 문제 1-1
❶ 초콜릿이 사탕보다 더 적으므로 뺄셈식을 만들어야 한다.
❷ (초콜릿의 수)=$32-7=25$(개)
　　　　　　　　　　　　답 25개

선행 문제 2
(1) $-$, $+$
(2) $+$, $-$

실행 문제 2
❶ 13
❷ 13, 79, 106
　　　　　　　　　　　　답 106송이

선행 문제 3
(1) (위에서부터) $+$, $-$
(2) (위에서부터) $-$, $+$

실행 문제 3
❶ (위에서부터) $-$, $+$
❷ (위에서부터) $+$, 41
　　　　　　　　　　　　답 41개

선행 문제 ❹

(1) $15+\blacksquare=33$에 ◯표
(2) $72-\blacksquare=46$에 ◯표

실행 문제 ❹

❶ 생일 선물로 받은에 ◯표
❷ 28, 41
❸ 41, 28, 13

답 13자루

참고
문장을 $\blacksquare$를 사용하여 식으로 나타낼 수 있도록 연습하는 유형이다.
$\blacksquare=41-28$로 나타내기보다 주어진 문장 순서인 $28+\blacksquare=41$로 식을 만들어 덧셈과 뺄셈의 관계를 이용해 $\blacksquare$의 값을 찾을 수 있도록 한다.

선행 문제 ❺

6, 5 / 16, 29 (또는 29, 16)

실행 문제 ❺

[예상 1] 46 / 46, 75 / 아니다에 ◯표
[예상 2] 38 / 38, 65 / 맞다에 ◯표

답 27, 38

주의
일의 자리 숫자끼리의 합이 5인 두 수를 찾아 계산하여 구하려는 수가 맞는지 반드시 확인한다.

선행 문제 ❻

(1) 18 / 18, 63
(2) 54 / 54, 27

실행 문제 ❻

❶ 큰에 ◯표
❷ 64
❸ 64, 26

답 64, 26

참고
수 카드에 0이 있을 때 가장 작은 세 자리 수 만들기
 0은 백의 자리에 올 수 없으므로 백의 자리부터 (둘째로 작은 수) → 0 → (남은 수)의 순서로 수 카드를 놓는다.

STEP 2 수학 사고력 키우기 60~65쪽

대표 문제 ❶

구 지후
주 • 33
• 18

해 ❶ 지후가 보람이보다 카드 수가 더 적으므로 뺄셈식을 만들어야 한다.

답 —

❷ (지후의 카드 수)
= (보람이의 카드 수) -18
$=33-18$
$=15$(장)

답 15장

쌍둥이 문제 1-1

구 위인전의 수
주 • 동화책의 수: 34권
• 위인전은 동화책보다 27권 더 많음.

❶ 전략 '~보다 더 많다'는 덧셈식으로 나타낼 수 있다.
(위인전의 수)=(동화책의 수)$+27$

❷ 전략 ❶의 식을 계산하자.
(위인전의 수)$=34+27$
$=61$(권)

답 61권

대표 문제 ❷

구 감에 ◯표
주 • 36
• 26

해 ❶ 먼저 계산해야 할 두 수는 사과와 배의 수의 합이고, 이어서 감은 구한 합보다 26개가 더 적게 있으므로 26을 빼야 한다.

식 $36+38-26$

❷ $36+38-26=74-26$
$=48$(개)

답 48개

참고
세 수의 계산은 앞에서부터 차례로 계산해야 하지만 $38-26=12$를 먼저 계산하여 36에 12를 더할 수도 있다.

쌍둥이 문제 | 2-1

[구] 지금 엘리베이터가 멈춰 있는 층

[주] • 엘리베이터가 멈춰 있던 층: 61층
• 더 올라간 층: 19층, 내려간 층: 44층

[어] 멈춰 있던 엘리베이터가 더 올라간 후의 층수를 덧셈식으로 나타내고, 이어서 내려간 후의 층수를 뺄셈식으로 나타내자.

❶ [전략] (멈춰 있던 층)+(더 올라간 층수)−(내려간 층수)
지금 엘리베이터가 멈춰 있는 층을 구하는 식:
$$61+19-44$$

❷ [전략] ❶의 식을 계산하자.
$$61+19-44=80-44$$
$$=36(층)$$

[답] **36층**

[참고]
$$\begin{array}{r} {\scriptstyle 1} \\ 6\,1 \\ +\,1\,9 \\ \hline 8\,0 \end{array} \longrightarrow \begin{array}{r} {\scriptstyle 7\ 10} \\ 8\,0 \\ -\,4\,4 \\ \hline 3\,6 \end{array}$$

대표 문제 3

[주] • 7
• 24

[해] ❶ [답] (위에서부터) $+$, $-$
❷ (딱지치기 전에 가지고 있던 딱지의 수)
$$=24-7=17(개)$$

[답] **17개**

쌍둥이 문제 | 3-1

[구] 운동장에서 놀고 있던 학생 수

[주] • 교실로 들어간 학생 수: 16명
• 운동장에 남은 학생 수: 28명

❶ [전략] 16명이 교실로 들어갔으므로
(운동장에서 놀고 있던 학생 수)−16
=(운동장에 남은 학생 수)이다.

운동장에서 놀고 있던 학생 수	$\xrightarrow{-16}$ $\xleftarrow{+16}$	운동장에 남은 학생 수: 28명

❷ [전략] (운동장에 남은 학생 수)+(교실로 들어간 학생 수)
(운동장에서 놀고 있던 학생 수)=28+16
$$=44(명)$$

[답] **44명**

대표 문제 4

[주] 85, 78

[해] ❶ 문제에서 모르는 수는 바람에 날아간 풍선 장식의 수이므로 ■는 날아간 풍선 장식의 수를 대신해 쓴다.

[답] **날아간**에 ◯표

❷ 풍선 장식 85개가 있었습니다.
바람에 몇 개가 날아가 78개가 남았습니다.

[식] $85-■=78$

❸ $85-■=78$,
$■=85-78=7$

[답] **7개**

쌍둥이 문제 | 4-1

[구] 오전에 팔린 주스의 수를 ■를 사용하여 식을 만들고 구하기

[주] 처음 있던 주스의 수: 52개
팔리고 남은 주스의 수: 19개

❶ [전략] ■는 모르는 수를 대신해 쓰자.
■: 오전에 팔린 주스의 수

❷ [전략] '팔렸다'이므로 밑줄 친 문장을 ■를 사용한 뺄셈식으로 만들자.
■를 사용한 식 만들기: $52-■=19$

❸ [전략] ❷에서 만든 식에서 덧셈과 뺄셈의 관계를 이용해 ■를 구하자.
$■=52-19=33$

[식] $52-■=19$
[답] **33개**

대표 문제 5

[구] 24

[해] ❶ 받아내림을 생각하면 61과 37의 일의 자리 숫자끼리의 차가 $11-7=4$이고, 48과 82의 일의 자리 숫자끼리의 차가 $12-8=4$이다.

[답] **37 / 48, 82**(또는 82, 48)

❷ 짝 지은 두 수끼리의 차가 24인지 계산해 본다.

[답] **37, 24 / 48, 34**

❸ $61-37=24$이므로 맞힌 두 수는 61과 37이다.

[답] **61, 37**

쌍둥이 문제 5-1

구 차가 45인 두 수

어 1 차 45의 일의 자리 숫자가 5이므로 일의 자리 숫자끼리의 차가 5인 두 수끼리 짝 지은 후,
2 짝 지은 두 수끼리의 차를 구하여 45가 되는 두 수를 찾자.

1 **전략** 차 45의 일의 자리 숫자가 5이므로 받아내림을 생각하며 일의 자리 숫자끼리의 차가 5인 두 수를 찾자.

일의 자리 숫자끼리의 차가 5인 두 수끼리 짝 짓기: 64와 29, 91과 46

2 **전략** 큰 수에서 작은 수를 빼자.

〔예상 1〕 $64-29=35$

〔예상 2〕 $91-46=45$

3 **전략** 2에서 차가 45인 두 수를 찾자.

맞힌 두 수: 91, 46

답 91, 46

대표 문제 6

구 크게

해 1 **답** 작은에 ○표
2 73에서 가장 작은 수를 빼야 계산 결과가 가장 크게 되므로 수 카드로 가장 작은 두 자리 수를 만들어야 한다. ➡ 15

답 15

3 **답** 15, 58

쌍둥이 문제 6-1

구 계산 결과가 가장 크게 되는 뺄셈식

어 1 50에서 뺐을 때 계산 결과가 가장 크게 되는 가장 작은 두 자리 수를 만들어,
2 50에서 빼자.

1 **전략** (어떤 수)−(가장 작은 수)=(가장 큰 계산 결과)

계산 결과가 가장 크려면 50에서 가장 작은 수를 빼야 한다.

2 **전략** 작은 수부터 십, 일의 자리에 차례로 놓아 가장 작은 두 자리 수를 만들자.

수 카드로 만들어야 하는 두 자리 수: 23

3 **전략** 50−(2에서 만든 가장 작은 수)

계산 결과가 가장 큰 뺄셈식:
$50-23=27$

식 $50-23=27$

---

3 STEP 수학 독해력 완성하기 66~69쪽

독해 문제 1

구 합에 ○표

주 •42 •13

해 1 농구공이 축구공보다 더 적으므로 뺄셈식을 만들어야 농구공 수를 구할 수 있다. **답** −
2 (농구공의 수)=(축구공의 수)−13
$=42-13=29$(개) **답** 29개
3 (축구공 수)+(농구공 수)
$=42+29=71$(개) **답** 71개

독해 문제 1-1 정답에서 제공하는 쌍둥이 문제

신발 가게에 구두가 56켤레 있고,/
운동화는 구두보다 17켤레 더 많이 있습니다./
신발 가게에 구두와 운동화가 모두 몇 켤레 있나요?

구 신발 가게에 있는 구두와 운동화 수의 합

주 • 구두의 수: 56켤레
• 운동화는 구두보다 17켤레 더 많이 있다.

어 1 '~보다 더 많이'이므로 덧셈식으로 운동화의 수를 구하고,
2 구두와 운동화 수의 합을 구하자.

해 1 (운동화 수)=(구두 수)+17
$=56+17=73$(켤레)
2 (구두 수)+(운동화 수)
$=56+73=129$(켤레)

답 129켤레

독해 문제 2

구 9

주 •9 •8

해 1 어떤 수에서 잘못하여 8을 뺐더니 37이 되었습니다.
(어떤 수) −8 =37
답 8, 37
2 (어떤 수)−8=37,
(어떤 수)=37+8=45 **답** 45
3 어떤 수에 9를 더해야 바른 계산이다.
➡ $45+9=54$ **답** 54

독해 문제 | 2-1 정답에서 제공하는 **쌍둥이 문제**

어떤 수에서 5를 빼야 할 것을/
잘못하여 7을 더했더니 44가 되었습니다./
바르게 계산하면 얼마인가요?

구 바르게 계산한 값
→ 어떤 수에서 5를 뺀 값

주 • 바른 계산: 어떤 수에서 5를 뺌.
• 잘못된 계산:
어떤 수에 7을 더했더니 44가 됨.

어 1 잘못 계산한 식을 세운 후 7을 더하기 전
의 어떤 수를 구하고,

2 어떤 수에서 5를 빼 바르게 계산한 값을
구하자.

해 1 잘못 계산한 식: (어떤 수)+7=44

2 (어떤 수)+7=44,
(어떤 수)=44−7=37

3 바르게 계산한 식: 37−5=32

답 32

독해 문제 | 3

해 1 수 카드로 두 자리 수 만들기
• 십의 자리 숫자가 4인 두 자리 수:
48, 43
낮은 수 카드를 한 번씩

• 십의 자리 숫자가 8인 두 자리 수:
84, 83
낮은 수 카드를 한 번씩

• 십의 자리 숫자가 3인 두 자리 수:
34, 38
낮은 수 카드를 한 번씩

답 48, 43, 84, 83, 34, 38

2 71에서 빼는 수는 71보다 작은 수여야 한다.
답 48, 43, 34, 38

3 71−(가장 큰 수)
=(가장 작은 계산 결과)
답 큰에 ◯표

4 식 71−48=23

독해 문제 | 3-1 정답에서 제공하는 **쌍둥이 문제**

수 카드 2장을 골라 한 번씩만 사용하여 두 자리 수
를 만들어/ 83에서 빼려고 합니다./
계산 결과가 가장 작게 되는 뺄셈식을 쓰고 계산하
세요.

$$\boxed{2} \quad \boxed{9} \quad \boxed{5}$$

구 계산 결과가 가장 작게 되는 뺄셈식

주 3장의 수 카드

어 1 수 카드로 만들 수 있는 두 자리 수 중 83
에서 뺄 수 있는 수를 모두 구하고,

2 이 중 83에서 뺐을 때 계산 결과가 가장
작게 되는 가장 큰 수를 찾자.

해 1 수 카드로 만들 수 있는 두 자리 수:
29, 25, 92, 95, 52, 59

2 1에서 만든 수 중 83에서 뺄 수 있는 수:
29, 25, 52, 59

3 계산 결과가 가장 작으려면 83에서 가장
큰 수인 59를 빼야 한다.

4 뺄셈식: 83−59=24
식 83−59=24

독해 문제 | 4

해 1 받아내림을 생각하며 일의 자리 숫자끼리의
차가 7인 두 수끼리 짝 짓는다.

답 

2 답 75−18=57 / 76−19=57
(또는 76−19=57 / 75−18=57)

3 식 75−18=57, 76−19=57

참고
• 차가 57이므로 빼어지는 수는 57보다 커야 한다.
→ 빼어지는 수: 75, 76
• 75와 76은 1만큼 차이나는 수이므로 빼는 수도 1만
큼 차이가 난다.

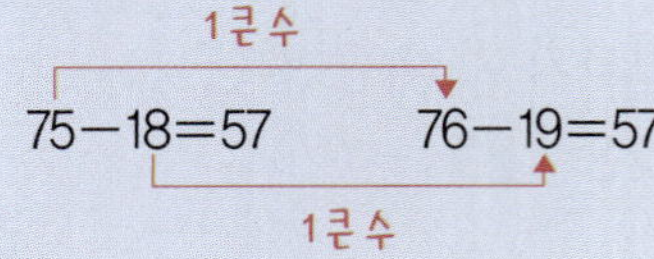

독해 문제 | 4-1　　정답에서 제공하는 **쌍둥이 문제**

수 카드 중에서 2장씩 골라 차가 45가 되는 식을 모두 쓰세요.

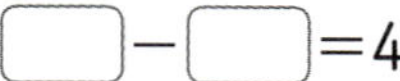

$$\boxed{}-\boxed{}=45$$

구 차가 45가 되는 수 카드로 만든 식

주 5장의 수 카드

어 **1** 차 45의 일의 자리 숫자가 5이므로 일의 자리 숫자끼리의 차가 5인 두 수끼리 짝 지은 후,

2 짝 지은 두 수끼리의 차를 구하여 45가 되는지 확인하자.

해 **❶** 일의 자리 숫자끼리의 차가 5인 두 수끼리 짝 짓기: 26과 71, 27과 72

❷ ❶에서 짝 지은 두 수끼리 차 구하기

[예상 1] $71-26=45$

[예상 2] $72-27=45$

식 $71-26=45,\ 72-27=45$

STEP 4 창의·융합·코딩 체험하기　　**70~73쪽**

융합 1

$$50-14-12=36-12$$
$$=24(대)$$

답 **24대**

참고 처음에 있던 자전거의 수 50에서 빌려 간 자전거의 수를 차례로 뺀다.

코딩 2

17점을 얻는 귤 2개와 15점을 잃게 되는 돌 1개를 받았으므로 지금까지 받은 점수는

(귤의 점수)+(귤의 점수)−(돌의 점수)

$$=17+17-15$$
$$=34-15=19(점)이다.$$

답 **19점**

융합 3

다영: 주사위 던지기 전 위치는 24이고 던진 주사위의 눈의 수의 합이 $5+4=9$이므로 이동하여 도착한 칸의 위치는 $24+9=33$이다.

예준: 주사위 던지기 전 위치는 33이고 던진 주사위의 눈의 수의 합이 $4+4=8$이므로 이동하여 도착한 칸의 위치는 $33+8=41$이다.

답 **33, 41**

융합 4

(예준이의 위치)−(다영이의 위치)

$$=41-33=8$$

답 **8**

코딩 5

달봇은 $56-27=29$만큼 움직이고,

거봇은 $72-45=27$만큼 움직이므로 달봇이 더 많이 움직인다.

답 **달봇**

창의 6

파란색 풍선에 쓰여 있는 수: 42

초록색 풍선에 쓰여 있는 수: 9

➜ $42+9=51$이므로 공을 받을 수 있다.

답 **공**

참고 51은 40~59의 범위에 있는 수이므로 선물 중 공을 받을 수 있다.

코딩 7

징봇이 지나간 칸에 쓰여 있는 수: 44, 18

징봇이 말하는 수: $44+18=62$

답 **62**

코딩 8

징봇이 지나간 칸에 쓰여 있는 수: 19, 37, 65

징봇이 말하는 수: $19+37+65=121$

답 **121**

참고

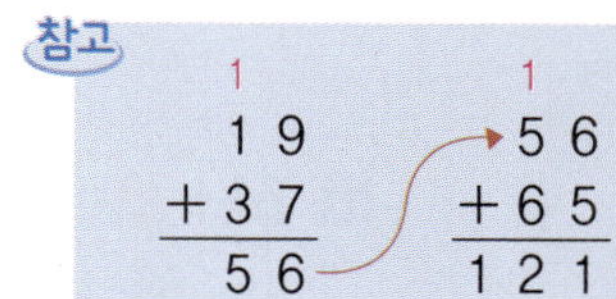

정답과 풀이

종합평가 실전 마무리 하기 74~77쪽

1 ❶ (닭의 수)=(오리의 수)−28
❷ (닭의 수)=65−28
=37(마리)

답 **37마리**

참고 '~보다 더 적게'는 뺄셈식으로 나타낼 수 있다.

2 ❶ 심은 나무 수를 구하는 식:
32+55+81
❷ 32+55+81=87+81
=168(그루)

답 **168그루**

3 ❶ 지금 버스에 타고 있는 사람 수를 구하는 식:
35−18+6

참고 35명이 타고 있던 버스가 정류장에 멈춰 18명이 내리
고 6명이 탔습니다.

❷ 35−18+6=17+6
=23(명)

답 **23명**

4 ❶ 준비한 선물 수 ⟷ −56 / +56 ⟷ 남은 선물 수: 48개

참고 56개를 나눠줬으므로
(준비한 선물 수)−56=(남은 선물 수)이다.

❷ (준비한 선물 수)=48+56
=104(개)

답 **104개**

5 ❶ ■: 어제보다 더 넘은 횟수

참고 문제에서 모르는 수는 어제보다 더 넘은 횟수이므로
■는 어제보다 더 넘은 횟수를 대신해 쓴다.

❷ ■를 사용한 식 만들기:
74+■=92
❸ ■=92−74=18

식 **74+■=92**
답 **18번**

6 ❶ (남학생 수)=96−49
=47(명)
❷ (태권도를 다니는 남학생 수)
=47−19=28(명)

답 **28명**

7 ❶ 일의 자리 숫자끼리의 합이 3인 두 수끼리 짝
짓기: 48과 35, 17과 56
❷ [예상 1] 48+35=83
[예상 2] 17+56=73
❸ 맞힌 두 수: 17, 56

답 **17, 56**

8 ❶ (풀의 수)=18+15=33(개)
❷ (가위의 수)+(풀의 수)=18+33
=51(개)

답 **51개**

9 ❶ 잘못 계산한 식: (어떤 수)−26=36
❷ (어떤 수)−26=36,
(어떤 수)=36+26=62
❸ 바르게 계산한 식: 62+47=109

답 **109**

주의 어떤 수에서 26을 빼어 36이 나온 식은 잘못 계산식
이다. 바르게 계산한 값을 구해야 하므로 잘못 계산한
식에서 어떤 수를 구해 47을 더한 값을 구한다. 이때,
잘못 계산한 식에서 어떤 수만 구해 답하지 않도록
주의한다.

10 ❶ 수 카드로 만들 수 있는 두 자리 수:
58, 52, 85, 82, 25, 28
❷ ❶에서 만든 수 중 75에서 뺄 수 있는 수:
58, 52, 25, 28
❸ 계산 결과가 가장 작으려면 75에서 가장 큰 수
58을 빼야 한다.
❹ 계산 결과가 가장 작게 되는 뺄셈식:
75−58=17

식 **75−58=17**

주의 어떤 수에서 가장 큰 수를 빼면 가장 작은 계산 결과
가 나오지만 수 카드로 만들 수 있는 가장 큰 수 85를
75에서 뺄 수 없다. 따라서 75보다 작은 수 중 가장
큰 수를 빼야 함에 주의한다.

4 길이 재기

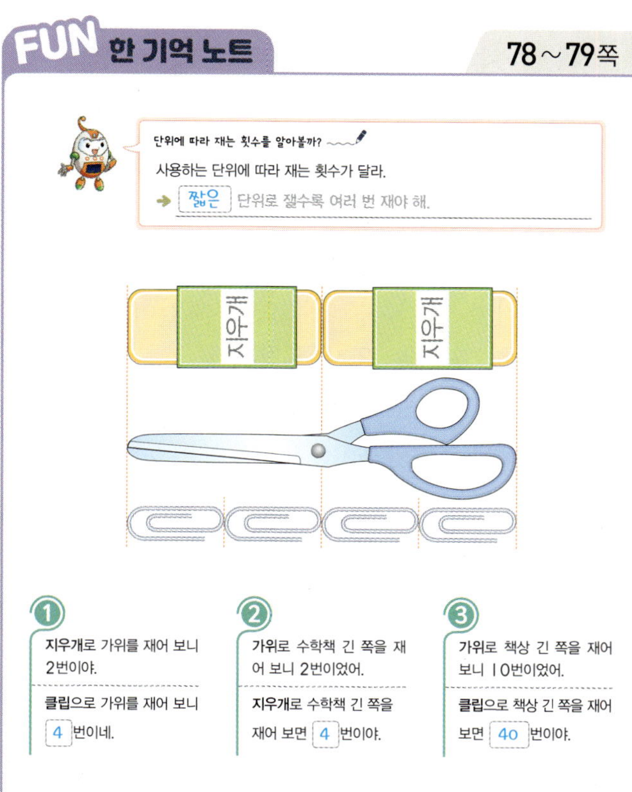

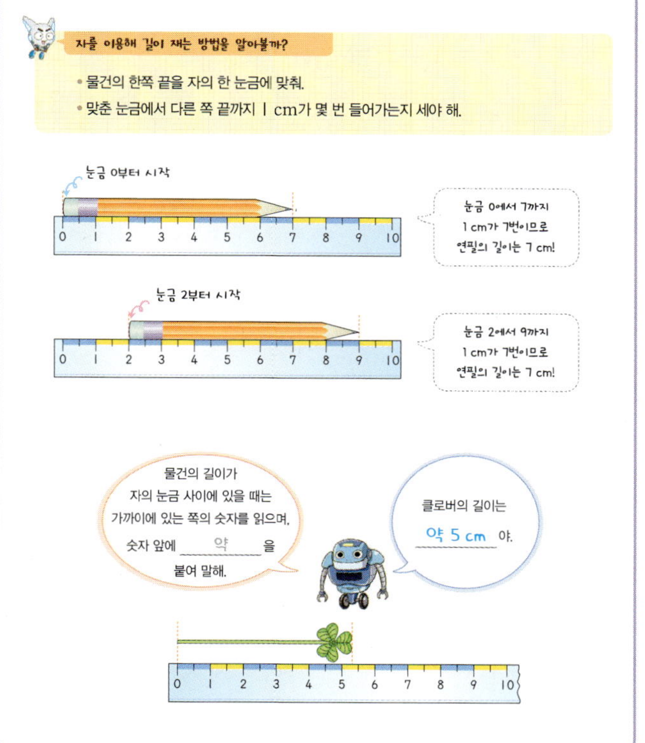

1 STEP 문제 해결력 기르기　80~83쪽

선행 문제 1

(1) 2, 2

(2) 5, 5

실행 문제 1

❶ 6

❷ 6　　　답 6 cm

쌍둥이 문제 1-1

❶ 빨간 선에 있는 1 cm의 개수: 5개

❷ 빨간 선의 길이: 5 cm　　　답 5 cm

선행 문제 2

3, <

실행 문제 2

❶ 같다에 ○표

❷ 익힘책의 짧은 쪽에 ○표

❸ 지우　　　답 지우

선행 문제 3

3, 🥄에 ○표

실행 문제 3

❶ 적은에 ○표

❷ 클립　　　답 클립

쌍둥이 문제 3-1

❶ 더 짧은 단위는 잰 횟수가 많은 것이다.

❷ 더 짧은 단위: 집게　　　답 집게

선행 문제 4

㉠, ㉠

실행 문제 4

❶ 2 / 1

참고
• 선주가 어림한 길이와 실제 길이의 차:
　18−16=2 (cm)
• 윤미가 어림한 길이와 실제 길이의 차:
　19−18=1 (cm)

❷ 윤미　　　답 윤미

2 STEP 수학 사고력 키우기 84~87쪽

대표 문제 1

주 1

해 ❶ 답 11개

❷ 빨간 선에 1 cm가 11개 있으므로 빨간 선의 길이는 1 cm가 11번인 11 cm이다.

답 11 cm

쌍둥이 문제 1-1

구 빨간 선의 길이

주 작은 사각형의 한 변의 길이: 1 cm

❶ 전략 빨간 선에 있는 작은 사각형의 한 변의 수를 모두 세어 보자.

빨간 선에 있는 1 cm의 개수: 12개

❷ 빨간 선의 길이: 12 cm

답 12 cm

대표 문제 2

구 긴에 ○표

해 ❶ 답 같다에 ○표

❷ 답 뼘

❸ 건전지보다 더 긴 뼘의 길이로 잰 석호의 우산이 더 길다.

답 석호

쌍둥이 문제 2-1

구 더 짧은 바지를 가지고 있는 사람

어 잰 횟수가 같으므로 단위를 비교하여 더 짧은 바지를 찾자.

❶ 잰 횟수는 3번으로 같다.

❷ 전략 바지의 길이를 재는 데 각자 사용한 단위를 서로 비교하자.

동생 칫솔이 수학책 긴 쪽보다 더 짧다.

❸ 전략 잰 횟수가 같을 때 더 짧은 단위로 잰 바지가 더 짧다.

더 짧은 것으로 잰 은우의 바지가 더 짧다.

주의 더 짧은 바지를 구해야 하므로 더 짧은 단위로 잰 바지를 찾아야 함에 주의한다.

답 은우

대표 문제 3

구 긴에 ○표

주 7, 8

해 ❶ 답 적을수록에 ○표

❷ 답 선우

참고 잰 횟수가 더 적은 선우의 한 뼘의 길이가 더 길다.

쌍둥이 문제 3-1

주 침대 긴 쪽의 길이를 걸음으로 잰 길이
→ 민호: 4걸음, 유진: 5걸음

❶ 잰 횟수가 적을수록 한 걸음의 길이가 더 길다.

❷ 전략 침대 긴 쪽의 길이를 잰 걸음의 횟수를 비교하자.

잰 횟수가 더 적은 민호의 한 걸음의 길이가 더 길다.

답 민호

대표 문제 4

주 • 55   • 53, 58

해 ❶ • 보라가 어림한 길이와 실제 길이의 차:
$55-53=2 \,(cm)$

• 송화가 어림한 길이와 실제 길이의 차:
$58-55=3 \,(cm)$

답 2 cm, 3 cm

❷ 2<3이므로 실제 길이에 더 가깝게 어림한 사람은 차가 더 작은 보라이다.

답 보라

쌍둥이 문제 4-1

주 • 실제 막대 길이: 40 cm
• 어림한 막대 길이
→ 윤미: 약 43 cm, 호영: 약 39 cm

❶ 전략 어림한 길이와 실제 길이의 차를 각각 구하자.

• 윤미가 어림한 길이와 실제 길이의 차:
$43-40=3 \,(cm)$

• 호영이가 어림한 길이와 실제 길이의 차:
$40-39=1 \,(cm)$

❷ 실제 길이에 더 가깝게 어림한 사람: 호영

참고 3>1이므로 실제 길이에 더 가깝게 어림한 사람은 차가 더 작은 호영이다.

답 호영

정답과 풀이

3 STEP 수학 독해력 완성하기   88~91쪽

독해 문제 | 1

구 책상, 텔레비전, 서랍장 중 가장 긴 물건

주 성민이가 자신의 뼘으로 잰 길이
→ 책상: 7뼘, 텔레비전: 8뼘, 서랍장: 10뼘

어 ❶ 단위가 같을 때 잰 횟수와 물건의 길이 사이의 관계를 생각해 보고
❷ 잰 횟수를 비교하여 가장 긴 물건을 찾자.

해 ❶ 성민이가 자신의 뼘으로 물건의 길이를 재었으므로 잰 횟수가 많을수록 물건의 길이가 길다.
답 길다에 ○표

❷ 10>8>7이므로 잰 횟수가 가장 많은 서랍장이 가장 길다.
답 서랍장

> **주의** 단위가 같을 때는 잰 횟수가 많을수록,
> 잰 횟수가 같고 단위가 다를 때는 단위가 길수록
> 잰 물건의 길이가 길다.

독해 문제 | 1-1   정답에서 제공하는 쌍둥이 문제

은미가 자신의 걸음으로 잰 안방, 거실, 부엌 긴 쪽의 길이입니다. /
가장 긴 곳을 쓰세요.

안방	거실	부엌
7걸음	9걸음	4걸음

구 안방, 거실, 부엌 중 가장 긴 곳

주 은미가 자신의 걸음으로 잰 길이
→ 안방: 7걸음, 거실: 9걸음, 부엌: 4걸음

어 ❶ 단위가 같을 때 잰 횟수와 길이 사이의 관계를 생각해 보고
❷ 잰 횟수를 비교하여 가장 긴 곳을 찾자.

해 ❶ 단위가 같으면 잰 횟수가 많을수록 길이가 길다.

❷ 9>7>4이므로 잰 횟수가 가장 많은 거실이 가장 길다.
답 거실

독해 문제 | 2

구 더 짧은 색선

주 • 작은 사각형의 한 변의 길이: 1 cm
• 빨간 선과 초록 선

어 ❶ 각 선에 있는 1 cm의 개수를 구하고,
❷ 위 ❶에서 구한 1 cm의 개수로 각 선의 길이를 구해 더 짧은 선을 찾자.

해 ❶ **답** 10개, 12개

❷ 빨간 선: 1 cm가 10개이므로 10 cm이다.
초록 선: 1 cm가 12개이므로 12 cm이다.
답 10 cm, 12 cm

❸ 10 cm<12 cm이므로 빨간 선의 길이가 더 짧다.
답 빨간 선

독해 문제 | 2-1   정답에서 제공하는 쌍둥이 문제

작은 사각형의 한 변의 길이는 1 cm로 모두 같습니다. /
빨간 선과 초록 선 중 더 짧은 선은 어느 색선인가요?

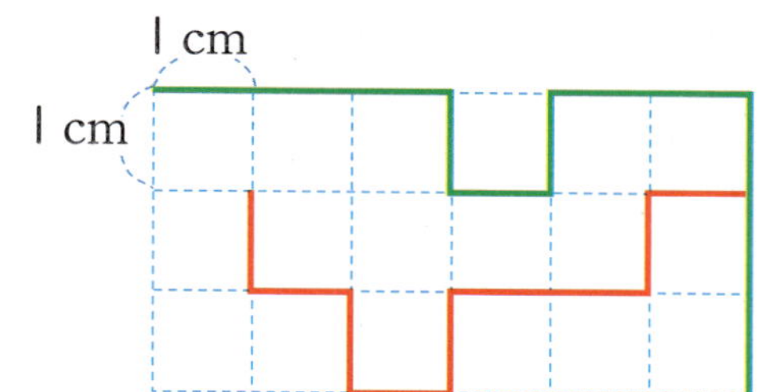

구 더 짧은 색선

주 • 작은 사각형의 한 변의 길이: 1 cm
• 빨간 선과 초록 선

어 ❶ 각 선에 있는 1 cm의 개수를 구하고,
❷ 위 ❶에서 구한 1 cm의 개수로 각 선의 길이를 구해 더 짧은 선을 찾자.

해 ❶ 빨간 선에 있는 1 cm의 개수: 9개
초록 선에 있는 1 cm의 개수: 11개

❷ 빨간 선: 9 cm
초록 선: 11 cm

❸ 9 cm<11 cm이므로 빨간 선의 길이가 더 짧다.
답 빨간 선

독해 문제 3

구 한 걸음의 길이가 가장 긴 사람

주 복도 긴 쪽의 길이를 걸음으로 잰 길이
→ 세호: 38걸음, 정민: 40걸음, 주경: 37걸음

어 1 잰 걸음 수와 한 걸음의 길이 사이의 관계를 생각해 보고

2 각자 잰 걸음 수를 비교하여 한 걸음의 길이가 가장 긴 사람을 찾자.

해 ❶ 한 걸음의 길이가 짧으면 많이 걸어야 하므로 잰 걸음 수가 많아진다.

답 적을수록에 ○표

❷ 잰 걸음 수 비교: 37<38<40
→ 잰 걸음 수가 가장 적은 주경이의 한 걸음의 길이가 가장 길다.

답 주경

주의 같은 거리를 걸을 때 한 걸음의 길이가 짧으면 많이 걸어야 하므로 잰 걸음 수가 많고, 한 걸음의 길이가 길면 적게 걷게 되므로 잰 걸음 수가 적다.

독해 문제 3-1 정답에서 제공하는 **쌍둥이 문제**

수진, 연아, 미주는 운동장 한 쪽의 길이를 각자의 걸음으로 재어 보았더니/
수진이는 55걸음, 연아는 51걸음, 미주는 54걸음이었습니다./
한 걸음의 길이가 가장 긴 사람은 누구인가요?

구 한 걸음의 길이가 가장 긴 사람

주 운동장 한 쪽의 길이를 걸음으로 잰 길이
→ 수진: 55걸음, 연아: 51걸음,
   미주: 54걸음

어 1 잰 걸음 수와 한 걸음의 길이 사이의 관계를 생각해 보고

2 각자 잰 걸음 수를 비교하여 한 걸음의 길이가 가장 긴 사람을 찾자.

해 ❶ 같은 곳을 잴 때 걸음 수가 적을수록 한 걸음의 길이가 길다.

❷ 잰 걸음 수 비교: 51<54<55
→ 한 걸음의 길이가 가장 긴 사람: 연아

답 연아

독해 문제 4

구 소시지의 길이를 젤리로 잰 횟수

주 • 소시지의 길이: 초코바로 4번
  • 초코바의 길이: 젤리로 2번

어 1 젤리를 기준으로 초코바와 소시지의 길이를 그림으로 그려 비교해 보고

2 위 1의 그림으로 소시지의 길이가 젤리로 몇 번인지 구하자.

해 ❶ 젤리의 길이가 1칸이면 초코바의 길이는 젤리로 2번이므로 2칸, 소시지의 길이는 초코바로 4번이므로 2칸씩 4번이어서 8칸이다.

답 젤리
   초코바
   소시지

❷ 젤리의 길이가 1칸일 때 소시지의 길이는 8칸이므로 소시지의 길이는 젤리로 8번 잰 길이와 같다.

답 8번

독해 문제 4-1 정답에서 제공하는 **쌍둥이 문제**

우산의 길이는 국자로 2번 잰 길이와 같고,/
국자의 길이는 포크로 3번 잰 길이와 같습니다./
우산의 길이는 포크로 몇 번 잰 길이와 같나요?

구 우산의 길이를 포크로 잰 횟수

주 • 우산의 길이: 국자로 2번
  • 국자의 길이: 포크로 3번

어 1 포크를 기준으로 국자와 우산의 길이를 그림으로 그려 비교해 보고

2 위 1의 그림으로 우산의 길이가 포크로 몇 번인지 구하자.

해 ❶ 포크의 길이
   국자의 길이
   우산의 길이

❷ 우산의 길이는 포크로 6번

답 6번

독해 문제 | 5

주 • 20, 15
  • 3

해 ❶ 지호의 발 길이로 3번이므로
    $20+20+20=60$ (cm)이다. **답** 60 cm
  ❷ $60=15+15+15+15$이므로 60 cm는
    15 cm로 4번이다. **답** 4번
  ❸ 동생의 발 길이는 15 cm이고 ❷에서 60 cm
    가 15 cm로 4번이므로 장식장 긴 쪽의 길이
    는 동생의 발 길이로 4번이다. **답** 4번

독해 문제 | 5-1

정답에서 제공하는 쌍둥이 문제

가위의 길이는 14 cm, 풀의 길이는 6 cm입니다./
책상 짧은 쪽의 길이가 가위의 길이로 3번일 때/
풀의 길이로는 몇 번인가요?

구 책상 짧은 쪽의 길이를 풀의 길이로 잰 횟수
주 • 가위의 길이 : 14 cm, 풀의 길이 : 6 cm
  • 책상 짧은 쪽의 길이 : 가위의 길이로 3번
어 ① 가위의 길이와 잰 횟수로 책상 짧은 쪽의
    길이를 구한 다음,
  ② 책상 짧은 쪽의 길이를 풀의 길이로 몇 번
    인지 똑같은 수의 덧셈으로 구하자.
해 ❶ (책상 짧은 쪽의 길이)
    $=14+14+14=42$ (cm)
  ❷ $6+6+6+6+6+6+6=42$
    ➡ 42 cm는 6 cm로 7번이다.
  ❸ 책상 짧은 쪽의 길이는 풀의 길이로 7번이
    다. **답** 7번

독해 문제 | 6

주 • 94, 16
  • 85

해 ❶ $94-16=78$ (cm) **답** 78 cm
  ❷ 세경이가 어림한 높이와 실제 높이의 차 :
    $94-85=9$ (cm)
    진영이가 어림한 높이와 실제 높이의 차 :
    $85-78=7$ (cm) **답** 9 cm, 7 cm
  ❸ $9>7$이므로 더 가깝게 어림한 사람은 차가
    더 작은 진영이다. **답** 진영

독해 문제 | 6-1

정답에서 제공하는 쌍둥이 문제

공기청정기의 높이를 재민이는 83 cm로 어림하였
고,/ 소희는 재민이보다 7 cm 낮게 어림하였습니
다./ 공기청정기의 실제 높이가 79 cm라고 할 때/
누가 더 가깝게 어림했나요?

어 ① 소희가 어림한 높이를 구한 다음,
  ② 실제 높이와 각자 어림한 높이의 차를 구
    해 더 가깝게 어림한 사람을 찾자.
해 ❶ (소희가 어림한 높이)
    $=83-7=76$ (cm)
  ❷ • 재민이가 어림한 높이와 실제 높이의
      차 : $83-79=4$ (cm)
    • 소희가 어림한 높이와 실제 높이의 차 :
      $79-76=3$ (cm)
  ❸ 실제 높이에 더 가깝게 어림한 사람 : 소희
    답 소희

4 STEP 창의·융합·코딩 체험하기 92~95쪽

융합 ①
답 예  <, =

융합 ②
답 예 >, =

창의 ③
답 예 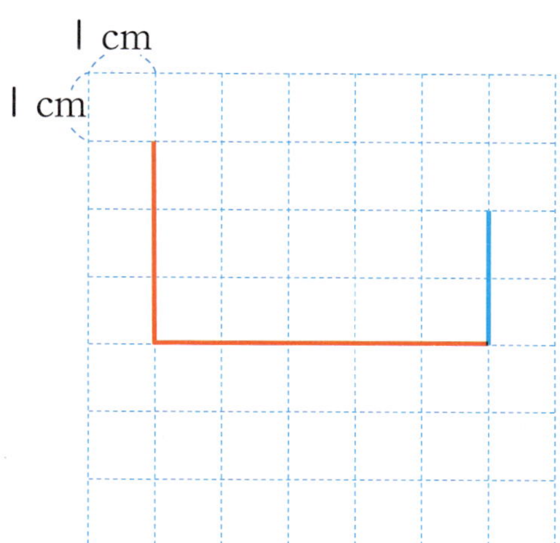

정답과 풀이

창의 **4**

답 예 | cm

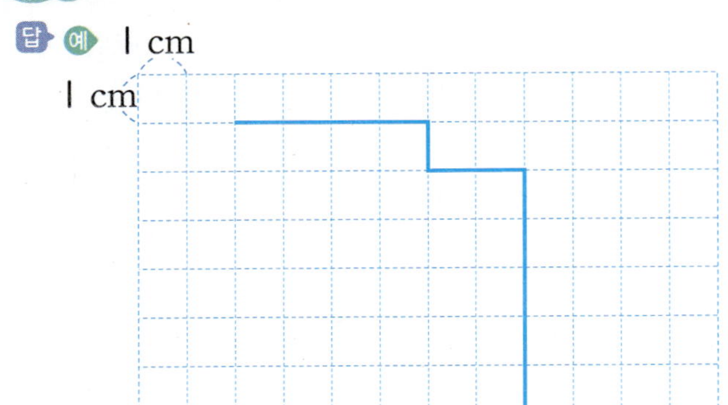

코딩 **5**

답 2, 5

코딩 **6**

답 **왼쪽으로 2 / 위쪽으로 1**

창의 **7**

답 예

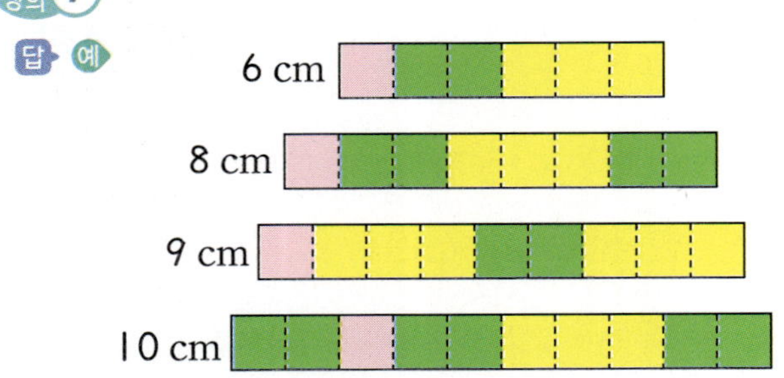

융합 **8**

이유 예 신발의 길이를 정확하게 만들어야 하기 때문이다.

종합평가 **실전 마무리 하기** 96~99쪽

1 ❶ 단위가 같으면 잰 횟수가 많을수록 높이가 더 높다.
❷ 잰 횟수가 더 많은 책장의 높이가 더 높다.
답 **책장**

2 ❶ 색연필: 15 cm, 가위: 17 cm, 필통: 20 cm
❷ 20>17>15이므로 길이가 긴 순서: 필통, 가위, 색연필
답 **필통, 가위, 색연필**

---

3 ❶ 같은 곳을 잴 때 단위가 짧을수록 잰 횟수가 더 많다.
❷ 더 많이 재야 하는 것: 지우개
답 **지우개**

4 ❶ 빨간 선에 있는 | cm의 개수: 14개
❷ 빨간 선의 길이: 14 cm
답 **14 cm**

5 ❶ 잰 횟수는 4번으로 같다.
❷ 실내화가 풀보다 더 길다.
❸ 더 긴 것으로 잰 하나의 치마가 더 길다.
답 **하나**

6 ❶ 같은 곳을 잴 때 잰 횟수가 많을수록 한 걸음의 길이가 더 짧다.
❷ 한 걸음의 길이가 더 짧은 사람: 민경
답 **민경**

7 ❶ 소진이가 어림한 높이와 실제 높이의 차:
$80-76=4$ (cm)
유화가 어림한 높이와 실제 높이의 차:
$82-80=2$ (cm)
❷ 실제 높이에 더 가깝게 어림한 사람: 유화
답 **유화**

8 ❶ ㉠: | cm가 5번 ➡ 5 cm
㉡: | cm가 6번 ➡ 6 cm
❷ 더 긴 것: ㉡
답 **㉡**

9 ❶ (텔레비전 긴 쪽의 길이)
$=16+16+16+16+16=80$ (cm)
❷ $80=20+20+20+20$
➡ 80 cm는 20 cm로 4번
❸ 텔레비전 긴 쪽의 길이는 우산으로 4번이다.
답 **4번**

10 ❶ (태우가 어림한 높이)
$=70+12=82$ (cm)
❷ 주하가 어림한 높이와 실제 높이의 차:
$75-70=5$ (cm)
태우가 어림한 높이와 실제 높이의 차:
$82-75=7$ (cm)
❸ 실제 높이에 더 가깝게 어림한 사람: 주하
답 **주하**

5 분류하기

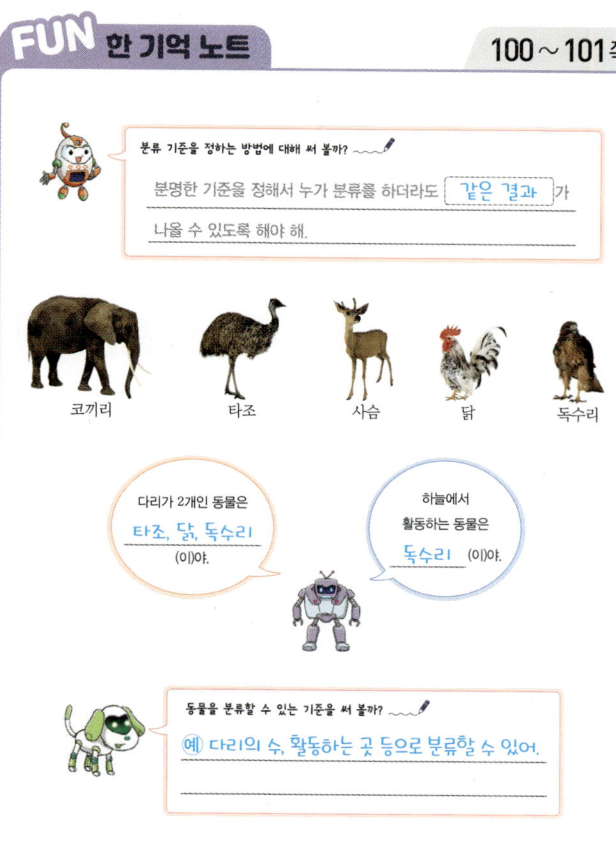

문제 해결력 기르기   102~105쪽

선행 문제 ①

빨간, 노란

실행 문제 ①

❶ 원, 삼각형
❷ 모양

다르게 풀기

전략 ▷ 분류한 쿠키끼리 공통점을 찾아보자.

❶ 분홍색, 노란색
❷ 색깔

선행 문제 ②

종류	사과	귤	바나나
세면서 표시하기	////	////	///
과일 수(개)	4	5	3

실행 문제 ②

❶

맛	딸기	초콜릿	바나나
세면서 표시하기	////////	//////	///////
우유 수(개)	4	6	3

❷ 초콜릿

 답 **초콜릿 맛**

참고   맛별 우유의 수를 비교해 보면 6>4>3이다.

선행 문제 ③

2, 4, 2 / 돼지

실행 문제 ③

❶ 바다, 하늘 / 땅, 땅
❷ 비행기

 답 **비행기**

참고   비행기를 이용하는 장소는 하늘이므로 잘못 분류된 탈것은 비행기이다.

선행 문제 4

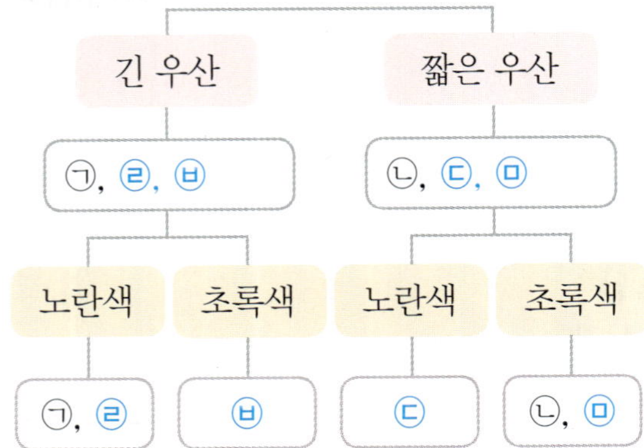

실행 문제 4

❶ 

❷ ㉡, ㉣

답 ㉡, ㉣

참고

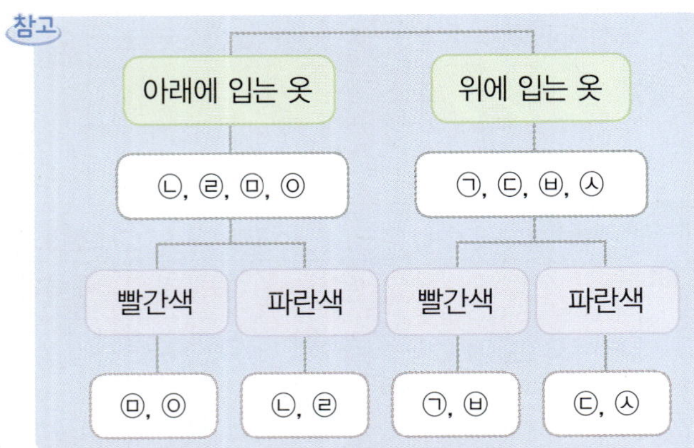

STEP 2 수학 사고력 키우기   106~109쪽

대표 문제 1

구 두

해 ❶ 예 색깔로 분류하면 어느 누가 분류해도 결과가 같다.

답 예 **색깔**

❷ 예 글자와 숫자로 분류하면 어느 누가 분류해도 분류 결과가 같다.

답 예 **글자와 숫자**

쌍둥이 문제 1-1

구 도넛을 분류할 수 있는 두 가지 기준

어 1 도넛의 공통점을 찾아

2 분류할 수 있는 기준을 두 가지 정해 보자.

❶ 전략 어느 누가 분류해도 결과가 같도록 분명한 기준을 정해 보자.

분류 기준 1 예 **색깔**

❷ **분류 기준 2** 예 **모양**

대표 문제 2

구 적은

해 ❶

종류	팥빵	도넛	식빵	피자빵
세면서 표시하기	〰️	〰️	〰️	〰️
빵 수(개)	4	6	1	3

주의 분류하여 그 수를 세는 과정에서 모든 자료를 빠뜨리지 않고 셀 수 있도록 각각의 자료에 표시를 하여 세어 본다.

❷ $1 < 3 < 4 < 6$
→ 수가 가장 적은 빵은 식빵이다.

답 **식빵**

쌍둥이 문제 2-1

구 수가 가장 적은 학용품

어 1 종류에 따라 학용품을 분류한 후,

2 학용품의 수를 세어 비교해 보자.

❶

종류	가위	자	지우개	풀
세면서 표시하기	〰️	〰️	〰️	〰️
학용품 수(개)	3	4	5	1

❷ 전략 학용품의 수를 비교해 보자.

수가 가장 적은 학용품: 풀

답 **풀**

참고 가위: 3개, 자: 4개, 지우개: 5개, 풀: 1개
$1 < 3 < 4 < 5$이므로 수가 가장 적은 학용품은 풀이다.

대표 문제 ❸

주 케이크, 채소

해 ❶ 각 칸에 놓인 것을 살펴보면 잘못 분류된 칸은 채소 칸이다.

답 채소

❷ 채소 칸에서 잘못 분류된 것은 우유이고, 우유는 음료이므로 우유를 음료 칸으로 옮겨야 한다.

답 우유, 음료

쌍둥이 문제 3-1

구 잘못 분류된 것을 찾고 바르게 고치기

주 • 위에서 첫 번째 칸: 컵 칸
• 위에서 두 번째 칸: 접시 칸
• 위에서 세 번째 칸: 냄비 칸

❶ 전략 각 칸에 놓인 물건을 살펴보자.

잘못 분류된 칸: 냄비 칸

❷ 냄비 칸에서 잘못 분류된 것: ㉧
➡ 옮겨야 하는 칸: 컵 칸

답 ㉧, 컵

대표 문제 ❹

구 사각형, 4

해 ❶ **답**
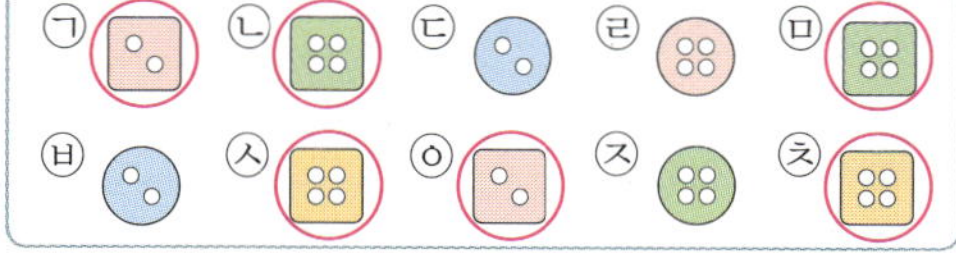

❷ ❶에서 분류한 단추 중 구멍이 4개인 단추를 찾아보자.

답 ㉡, ㉤, ㉧, ㉩

❸ ㉡, ㉤, ㉧, ㉩ ➡ 4개

답 4개

쌍둥이 문제 4-1

구 빨간색이고 털이 없는 카드의 수

어 ❶ 카드를 색깔에 따라 분류한 후,
❷ ❶의 카드를 털이 있고 없음에 따라 분류하여
❸ 구하려는 카드의 수를 세어 보자.

❶ 전략 카드를 색깔에 따라 분류해 보자.

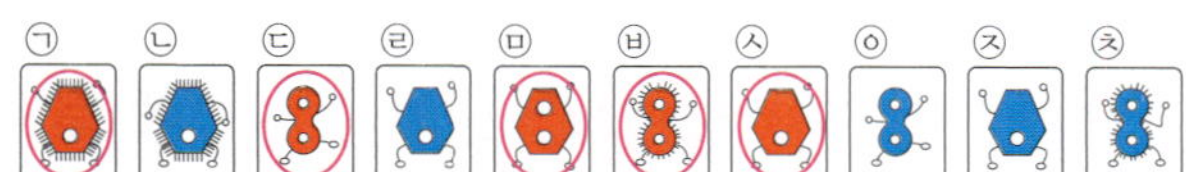

❷ 전략 ❶에서 분류한 카드 중 털이 없는 카드를 찾아보자.

◯표 한 카드 중 털이 없는 카드: ㉢, ㉤, ㉧

❸ ㉢, ㉤, ㉧ ➡ 3장

답 3장

3 STEP 수학 독해력 완성하기 110~113쪽

독해 문제 1

해 답 알맞지 않다.

이유 예 분류 기준은 어느 누가 분류해도 결과가 같을 수 있도록 정해야 하기 때문이다.

주의 내가 예쁘다고 생각하는 인형과 친구가 예쁘다고 생각하는 인형이 다를 수 있으므로 분류 기준을 정할 때에는 어느 누가 분류해도 결과가 같도록 분명한 기준으로 분류해야 한다.

독해 문제 1-1

정답에서 제공하는 **쌍둥이 문제**

간식을 맛있는 간식과 맛없는 간식으로 분류했을 때 / 분류 기준으로 알맞은지, 알맞지 않은지 쓰고, 그 이유를 써 보세요.

맛있는 간식	맛없는 간식

답 알맞지 않다.

이유 예 분류 기준은 어느 누가 분류해도 결과가 같을 수 있도록 정해야 하기 때문이다.

주의 내가 맛있어 하는 간식과 친구가 맛있어 하는 간식은 다를 수 있으므로 분류 기준을 정할 때에는 어느 누가 분류해도 결과가 같도록 분명한 기준으로 분류해야 한다.

독해 문제 2

해 ❶ 사과: 12개, 귤: 12개, 감: 8개, 배: 12개
➡ 수가 같은 과일: 사과, 귤, 배

답 귤, 배

❷ 사과, 귤, 배의 수는 같고 감의 수가 적으므로 더 사야 하는 과일은 감이다.

답 감

독해 문제 | 2-1 · 정답에서 제공하는 **쌍둥이 문제**

떡을 종류에 따라 분류하였습니다. /
떡의 수가 종류별로 같으려면 /
더 사야 하는 떡은 무엇인가요?

종류	송편	인절미	백설기	절편
수(개)	14	13	14	14

구 더 사야 하는 떡

주 송편 : 14개
인절미 : 13개
백설기 : 14개
절편 : 14개

어 ❶ 송편, 인절미, 백설기, 절편의 수를 비교하여
❷ 수가 다른 떡을 찾아 더 사야 하는 떡을 알아보자.

해 ❶ 송편 : 14개, 인절미 : 13개, 백설기 : 14개,
절편 : 14개
➜ 수가 같은 떡 : 송편, 백설기, 절편

❷ 송편, 백설기, 절편의 수가 같고 인절미의
수가 적으므로 더 사야 하는 떡은 인절미
이다.

답 인절미

독해 문제 | 3

주 초록색

해 ❶ 카드를 색깔에 따라 분류하여 빠짐없이 세어
보면 흰색 카드는 7장이다.

답 7장

❷ 카드를 색깔에 따라 분류하여 빠짐없이 세어
보면 빨간색 카드는 9장이다.

답 9장

❸ 카드를 색깔에 따라 분류하여 빠짐없이 세어
보면 초록색 카드는 4장이다.

답 4장

❹ 9>7>4
➜ 가장 많은 카드의 색깔 : 빨간색

답 빨간색

참고 자료를 빠짐없이 분류하기 위해 하나씩 셀 때마다 /,
× 등의 표시를 하면서 센다.

다르게 풀기

흰색 카드, 빨간색 카드, 초록색 카드를 각각 1장씩
지웠을 때 더 많이 남은 카드의 색깔을 알아본다.

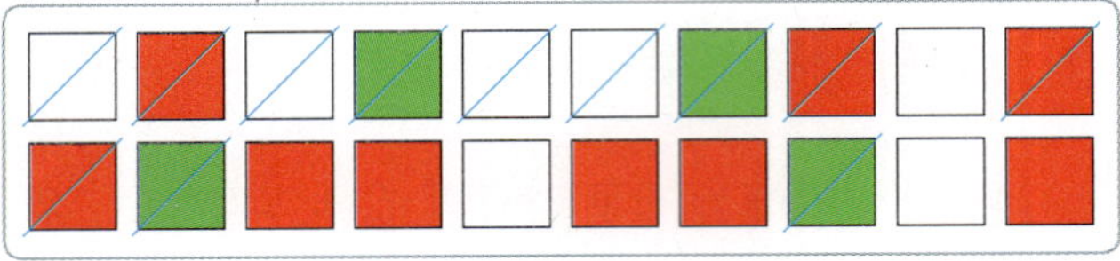

➜ 지우고 남은 카드는 흰색 카드보다 빨간색 카드가
더 많다. 따라서 가장 많은 카드의 색깔은 빨간색
이다.

답 빨간색

독해 문제 | 4

주 빨간

해 ❶ 빨간색 누름 못을 모두 찾으면 ㄹ, ㅂ, ◎이다.

답 ㄹ, ㅂ, ◎

❷ ❶에서 답한 누름 못 중 ▱ 모양의 누름 못을
모두 찾으면 ㄹ, ◎이다.

답 ㄹ, ◎

❸ ㄹ, ◎ ➜ 2개

답 2개

다르게 풀기

기준2를 만족하는 누름 못을 모두 찾은 후 그중에서
기준1을 만족하는 누름 못을 찾아도 된다.

① 기준2를 만족하는 누름 못 : ㄴ, ㄷ, ㄹ, ㅁ, ◎

② ①의 누름 못 중 기준1을 만족하는 누름 못 : ㄹ, ◎

③ ㄹ, ◎ ➜ 2개

답 2개

독해 문제 | 5

주 딸기

해 ❶ 아이스크림을 맛에 따라 분류하여 빠짐없이
세어 표를 완성한다.

답 4, 2, 1, 5

❷ 팔린 맛별 아이스크림의 수를 비교해 보면
5>4>2>1이다.
➜ 가장 많이 팔린 아이스크림 : 딸기 맛

답 딸기 맛

❸ 어제 가장 많이 팔린 아이스크림 : 딸기 맛
➜ 오늘 가장 많이 준비해야 하는 아이스크림 :
딸기 맛

답 딸기 맛

정답과 풀이

독해 문제 | 5-1 정답에서 제공하는 쌍둥이 문제

어느 가게에서 어제 팔린 빵의 수를 조사하였습니다./ 가게 주인이 빵을 많이 팔기 위에서/ 오늘 가장 많이 준비해야 하는 빵은 무엇인가요?

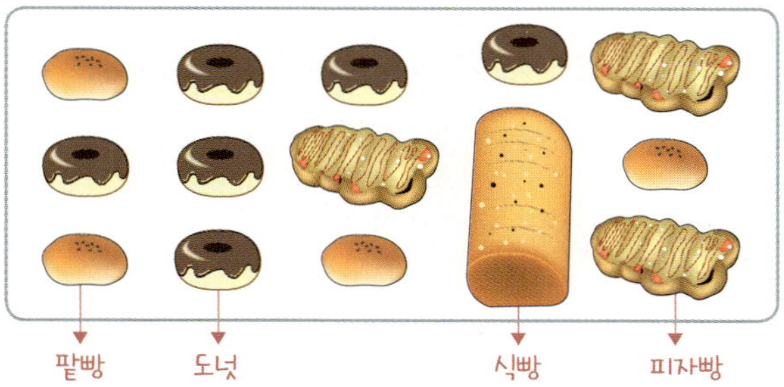

구 가장 많이 준비해야 하는 빵
주 어제 팔린 빵: 팥빵, 도넛, 식빵, 피자빵
어 1 빵을 종류에 따라 분류하여 세어
2 그 수를 비교하여 가장 많은 빵을 찾아
3 가장 많이 준비해야 하는 빵을 알아보자.
해 ❶ 어제 팔린 빵을 종류에 따라 분류하기

종류	팥빵	도넛	식빵	피자빵
빵의 수(개)	4	6	1	3

❷ 어제 가장 많이 팔린 빵: 도넛

참고 6>4>3>1이므로 도넛이 가장 많이 팔렸다.

❸ 오늘 가장 많이 준비해야 하는 빵: 도넛

답 도넛

4 STEP 창의·융합·코딩 체험하기 114~117쪽

창의 1

♥ 무늬가 있는 카드: ㉠, ㉡, ㉣
㉠, ㉡, ㉣ 카드 중 ♥ 무늬가 파란색인 카드: ㉣

답 ㉣

창의 2

마법의 통 안에 들어 있는 도형은 원 2개, 사각형 3개이다. 따라서 도형이 모두 분류되어 상자에 들어 갔을 때 사각형 상자에 들어 있는 도형은 모두 3개이다.

답 3개

참고 사각형: 3개 → 사각형 상자에 들어 있는 도형: 3개

융합 3

두드리거나 서로 부딪쳐서 소리를 내는 악기: ㉡, ㉣
입으로 불어서 소리를 내는 악기: ㉠, ㉥
줄을 울려서 소리를 내는 악기: ㉢, ㉤

답

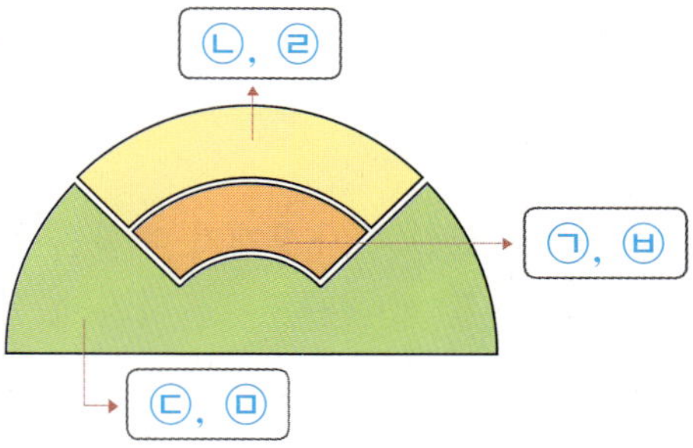

창의 4

준비한 빵은 8개이고 빵 코너에서 빵이 다 팔렸으므로 팔린 빵은 모두 8개이다.

답 8개

융합 5

동물의 다리 수를 각각 알아본다.
호랑이: 4개, 닭: 2개, 뱀: 0개
강아지: 4개, 게: 10개, 타조: 2개
코끼리: 4개, 사자: 4개, 사슴: 4개
따라서 다리가 4개인 동물이 있는 칸을 모두 찾아 색칠하면 다음과 같다.

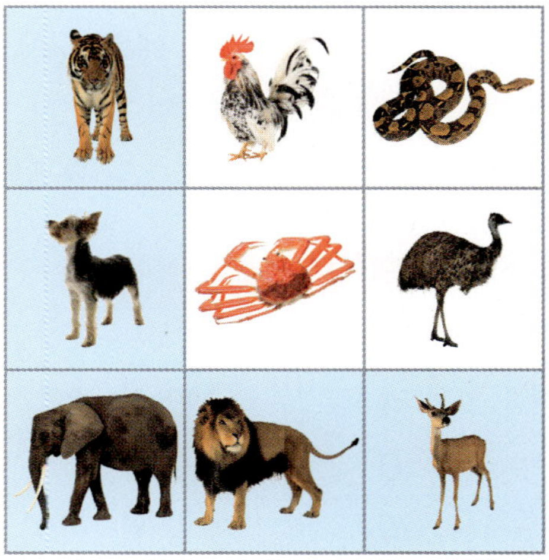

→ ㄴ

답 ㄴ

코딩 6

초코칩 수가 2개인 쿠키: 5개
→ 가 상자에 들어 있는 쿠키: 5개

답 5개

코딩 7

초코칩 수가 2개가 아닌 쿠키: 7개
→ 나 상자에 들어 있는 쿠키: 7개

답 **7개**

다르게 풀기

쿠키는 모두 12개이고 초코칩 수가 2개인 쿠키는 5개이다.
따라서 초코칩 수가 2개가 아닌 쿠키는
12−5=7(개)이므로 나 상자에 들어 있는 쿠키는 7개이다.

답 **7개**

종합평가 실전 마무리 하기 118~121쪽

1 어느 누가 분류해도 결과가 같아야 하므로 분류 기준으로 알맞은 것은 색깔에 따라 분류한 ⓒ이다.

답 **ⓒ**

2 삼각형과 사각형으로 분류해 본다.

삼각형: ㉠, ㉡, ㉢, ㉤, ㉦ → 5개
사각형: ㉣, ㉥ → 2개

답 **5, 2**

3 동물들의 공통점을 찾아본다.

	다리의 수(개)	활동하는 곳
코끼리	4	땅 위
금붕어	0	물 속
곰	4	땅 위
토끼	4	땅 위
상어	0	물 속
기린	4	땅 위

→ 동물은 다리의 수, 활동하는 곳 등 여러 가지 기준으로 분류할 수 있다.

답 **예 다리의 수, 활동하는 곳**

4 ❶ 수가 같은 공: 농구공, 축구공, 야구공
❷ 농구공, 축구공, 야구공의 수는 같고 배구공의 수가 적으므로 더 사야 하는 공은 배구공이다.

답 **배구공**

5 ❶ 잘못 분류된 칸: 운동화 칸
❷ 운동화 칸에서 잘못 분류된 신발: ⓒ
→ 옮겨야 하는 칸: 슬리퍼 칸

답 **ⓒ, 슬리퍼**

6 ❶ 초록색: 8장, 빨간색: 6장, 흰색: 10장
❷ 6<8<10
→ 가장 적은 카드의 색깔: 빨간색

답 **빨간색**

7 ❶ 초록색 화분을 모두 찾아 ○표 하기

❷ 초록색 화분에 노란색 꽃이 핀 것: ㉣, ㉦

답 **㉣, ㉦**

다르게 풀기

노란색 꽃이 핀 화분 중에서 초록색 화분을 모두 찾는다.
① 노란색 꽃이 핀 화분: ㉢, ㉣, ㉥, ㉦, ㉧
② ① 중에서 초록색 화분: ㉣, ㉦

8 ❶ 노란색 화분: ㉠, ㉢, ㉤, ㉥, ㉨
❷ 노란색 화분 중 빨간색 꽃이 핀 것: ㉠, ㉤
❸ ㉠, ㉤ → 2개

답 **2개**

9 ❶ 맑은 날: 2, 5, 6, 7, 8, 11, 12, 14, 16, 17, 18, 19, 22, 23, 24, 28, 29, 30 → 18일
흐린 날: 1, 9, 10, 15, 20, 25, 26 → 7일
비 온 날: 3, 4, 13, 21, 27 → 5일
❷ 18>7>5이므로 맑은 날이 가장 많았다.

답 **맑은 날**

10 ❶ 종류별 팔린 학용품의 수를 세어 본다.
풀: 5개, 자: 7개, 지우개: 9개, 가위: 3개
❷ 9>7>5>3
→ 가장 많이 팔린 학용품: 지우개
❸ 따라서 지우개를 가장 많이 준비해야 한다.

답 **지우개**

6 곱셈

FUN한 이야기 122~123쪽

$5+5+5+5=20$, 20
$5\times4=20$, 20

1 STEP 문제 해결력 기르기 124~129쪽

선행 문제 1

(1) 6 / 6, 12
(2) 9 / 9, 27

실행 문제 1

❶ 3
❷ 3, 12

답 12개

참고
(승용차 바퀴의 수)
＝(승용차 한 대의 바퀴 수)×(승용차의 수)
＝4×3＝12(개)

쌍둥이 문제 1-1

❶ 로봇 다리의 수: 2씩 4묶음
❷ (로봇 다리의 수)＝2×4＝8(개)

답 8개

선행 문제 2

(1) 7, 7
(2) 3, 3

실행 문제 2

❶ 4, 20
❷ 5, 5 / 5

답 5배

선행 문제 3

(1) 3, 6
(2) 4, 7

실행 문제 3

❶ 4
❷ 4, 32

답 32개

다르게 풀기
❤ 모양이 한 줄에 4개씩 8줄 그려져 있다.
➡ 4×8＝32(개)

답 32개

선행 문제 4

(1) 6, 54 / 6, 6, 54
(2) 8, 64 / 8, 8, 64

실행 문제 4

❶ 2, 6
❷ 6, 18

답 18개

참고
윤우가 먹은 딸기의 수를 이용하여 지아가 먹은 딸기의 수를 구한 후, 지아가 먹은 딸기의 수를 이용하여 예희가 먹은 딸기의 수를 구한다.

다르게 풀기
윤우가 먹은 딸기의 수: 3개
(지아가 먹은 딸기의 수)
＝(윤우가 먹은 딸기의 수)×2
＝(3×2)개
(예희가 먹은 딸기의 수)
＝(지아가 먹은 딸기의 수)×3
＝3×2×3
＝6×3
＝18(개)

답 18개

쌍둥이 문제 4-1

❶ (땅콩의 수)＝2×3＝6(개)
❷ (잣의 수)＝6×9＝54(개)

답 54개

실행 문제 5

❶ 3, 2
❷ 3, 2, 6

참고
티셔츠 1개마다 입을 수 있는 치마는 2개씩이다.
➡ 3×2＝6(가지)

답 6가지

선행 문제 6

(1) 2, 5
(2) 6, 6

실행 문제 6

❶ 4, 8

❷ 3, 12

❸ 8, 12, 20

답 20개

참고 구멍이 2개인 단추의 단춧구멍의 수와 구멍이 4개인 단추의 단춧구멍의 수를 구하여 더한다.

 2 STEP 수학 사고력 키우기 130~135쪽

대표 문제 1

해 ❶ 쿠키 1개에 초코칩이 3개씩 있고, 쿠키는 6개 있으므로 초코칩의 수는 모두 3씩 6묶음이다.

답 3, 6

❷ (초코칩의 수)
=(쿠키 1개의 초코칩의 수)×(쿠키의 수)
=3×6
=18(개)

식 3×6=18 답 18개

쌍둥이 문제 1-1

구 꽃잎의 수

어 1 꽃 1송이에 있는 꽃잎의 수와 꽃의 수를 세어
2 곱셈식으로 나타내어 구하자.

❶ 꽃잎 수는 5씩 5묶음이다.

❷ (꽃잎 수)=5×5
=25(장)

답 25장

대표 문제 2

해 ❶ 우유의 수를 세어 보면 7개, 빵의 수를 세어 보면 21개이다.

답 7개, 21개

❷ 빵 21개를 7개씩 묶어 보면 3묶음이다.

답 3묶음

❸ 21은 7개씩 3묶음 ➜ 21은 7의 3배
따라서 빵의 수는 우유의 수의 3배이다.

답 3배

쌍둥이 문제 2-1

구 사과의 수는 귤의 수의 몇 배

어 1 사과와 귤의 수를 각각 세어
2 사과의 수는 귤의 수의 몇 배인지 구하자.

❶ 사과 : 25개
귤 : 5개

❷ 전략 사과를 5개씩 묶어 보자.
사과는 5씩 5묶음이다.

❸ 전략 5씩 ■묶음 ➜ 5의 ■배
사과의 수는 귤의 수의 5배이다.

답 5배

대표 문제 3

구 육각형

해 ❶ 육각형 모양이 규칙적으로 그려져 있으므로 5개씩 4줄이다.

답 4줄

주의 육각형 모양이 규칙적으로 그려져 있으므로 찢어진 부분에도 육각형 모양이 한 줄에 5개씩 그려져 있다.

❷ (육각형 모양의 수)
=(한 줄에 그려진 육각형 모양의 수)×(줄 수)
=5×4
=20(개)

식 5×4=20 답 20개

쌍둥이 문제 3-1

구 찢어지기 전 벽지에 그려진 별 모양의 수

어 1 별 모양이 그려진 규칙을 찾아
2 찢어지기 전 벽지에 그려진 별 모양의 수를 구하자.

❶ 별 모양은 9개씩 4줄이다.

❷ (별 모양의 수)=9×4
=36(개)

답 36개

주의 별 모양이 규칙적으로 그려져 있으므로 찢어진 부분에도 별 모양이 한 줄에 9개씩 그려져 있다.

대표 문제 4

주 4, 3

해 ❶ 오른쪽 쌓기나무를 세어 보면 2개이다.

답 **2개**

❷ (승주가 쌓은 쌓기나무의 수)
  =(오른쪽 쌓기나무의 수)×4
  =2×4
  =8(개)

답 **8개**

❸ (민재가 필요한 쌓기나무의 수)
  =(승주가 쌓은 쌓기나무의 수)×3
  =8×3
  =24(개)

답 **24개**

쌍둥이 문제 4-1

구 수아가 필요한 모형의 수

주 • 유라가 연결한 모형의 수: 오른쪽 모형 수의 2배

  • 수아가 필요한 모형의 수: 유라가 연결한 모형 수의 5배

❶ 오른쪽 모형의 수: 4개

❷ 전략 (유라가 연결한 모형의 수)
       =(오른쪽 그림의 모형의 수)×2

  (유라가 연결한 모형의 수)=4×2=8(개)

❸ 전략 (수아가 필요한 모형의 수)
       =(유라가 연결한 모형의 수)×5

  (수아가 필요한 모형의 수)=8×5=40(개)

답 **40개**

다르게 풀기

오른쪽 그림의 모형의 수: 4개

(유라가 연결한 모형의 수)=(4×2)개

(수아가 필요한 모형의 수)
=(유라가 연결한 모형의 수)×5
=4×2×5
=8×5=40(개)

답 **40개**

대표 문제 5

해 ❶ 우산을 세어 보면 4개, 우비를 세어 보면 2개이다.

답 **4개, 2개**

❷ (짝 지을 수 있는 방법 수)
  =(우산 수)×(우비 수)
  =4×2
  =8(가지)

식 **4×2=8** 답 **8가지**

쌍둥이 문제 5-1

구 숟가락과 포크를 하나씩 짝 지을 수 있는 방법 수

어 ① 숟가락과 포크는 각각 몇 개인지 세어
   ② 곱셈식을 이용하여 구하자.

❶ 숟가락: 5개, 포크: 7개

❷ 전략 (짝 지을 수 있는 방법 수)
       =(숟가락 수)×(포크 수)

  (짝 지을 수 있는 방법 수)=5×7
                        =35(가지)

답 **35가지**

대표 문제 6

주 8, 9

해 ❶ (강아지 8마리의 다리 수)
  =(강아지 한 마리의 다리 수)×(강아지의 수)
  =4×8
  =32(개)

답 **32개**

❷ (닭 9마리의 다리 수)
  =(닭 한 마리의 다리 수)×(닭의 수)
  =2×9
  =18(개)

답 **18개**

❸ (강아지 8마리와 닭 9마리의 다리 수)
  =32+18
  =50(개)

답 **50개**

쌍둥이 문제 6-1

구 병아리 7마리와 토끼 2마리의 다리 수의 차

주 병아리: 7마리, 토끼: 2마리

❶ 전략 (병아리 7마리의 다리 수)
       =(병아리 한 마리의 다리 수)×(병아리의 수)

  (병아리 7마리의 다리 수)
  =2×7=14(개)

❷ 전략 (토끼 2마리의 다리 수)
       =(토끼 한 마리의 다리 수)×(토끼 수)

  (토끼 2마리의 다리 수)
  =4×2=8(개)

❸ 14−8=6(개) 더 많다.

답 **6개**

3 STEP 수학 독해력 완성하기 136~139쪽

독해 문제 1

해 ❶ 9씩 9묶음은 81이다.

답 9

❷ 9×9=81
➡ 지워진 곳에 알맞은 수: 9

답 9

독해 문제 1-1 정답에서 제공하는 **쌍둥이 문제**

★에 알맞은 수를 구해 보세요.

$$★×8=32$$

구 ★에 알맞은 수
어 ❶ ★씩 8묶음은 32임을 이용하여
❷ ★에 알맞은 수를 구하자.
해 ❶ 4씩 8묶음은 32이다.
❷ 따라서 ★에 알맞은 수는 4이다.

답 4

독해 문제 2

해 ❶ (필통의 수)=4×8=32(개)   답 32개
❷ 32>30 ➡ 필통이 더 많다.   답 필통

독해 문제 2-1 정답에서 제공하는 **쌍둥이 문제**

마스크는 한 봉지에 5개씩 5봉지 있고,/
손 소독제는 20개 있습니다./
마스크와 손 소독제 중 더 많은 것은 어느 것인가요?

구 마스크와 손 소독제 중 더 많은 것
주 • 마스크: 5개씩 5봉지
  • 손 소독제: 20개
어 ❶ 마스크의 수를 구한 후,
  ❷ 마스크와 손 소독제의 수를 비교하여 더
    많은 것을 구하자.
해 ❶ (마스크의 수)=5×5=25(개)
  ❷ 25>20 ➡ 마스크가 더 많다.

답 마스크

독해 문제 3

해 ❶ (한 상자에 담은 컵의 수)=9×3=27(개)
답 27개
❷ (컵의 수)=27+4=31(개)   답 31개

독해 문제 3-1 정답에서 제공하는 **쌍둥이 문제**

풀을 한 상자에 3개씩 8줄 담았더니/
2개가 남았습니다./ 풀은 모두 몇 개인가요?

구 풀의 개수
주 • 한 상자에 담은 풀: 3개씩 8줄
  • 상자에 담고 남은 풀: 2개
어 ❶ 한 상자에 담은 풀의 수를 구한 후,
  ❷ 상자에 담고 남은 풀의 수를 더하여 전체
    풀의 수를 구하자.
해 ❶ (한 상자에 담은 풀의 수)=3×8=24(개)
  ❷ (전체 풀의 수)=24+2=26(개)

답 26개

독해 문제 4

해 ❶ (한 상자에 들어 있는 당근의 수)
    =7×8=56(개)   답 56개
  ❷ (먹고 남은 당근의 수)=56-3=53(개)

답 53개

독해 문제 4-1 정답에서 제공하는 **쌍둥이 문제**

귤이 한 상자에 6개씩 4줄 들어 있습니다./
이 중에서 3개를 먹었다면/
먹고 남은 귤은 몇 개인가요?

구 먹고 남은 귤의 수
주 • 한 상자에 들어 있는 귤: 6개씩 4줄
  • 먹은 귤: 3개
어 ❶ 한 상자에 들어 있는 귤의 수를 구한 후,
  ❷ 먹은 귤의 수를 빼어 먹고 남은 귤의 수를
    구하자.
해 ❶ (한 상자에 들어 있는 귤의 수)=6×4
    =24(개)
  ❷ (먹고 남은 귤의 수)=24-3=21(개)

답 21개

독해 문제 5

주 6

해 ❶ 4씩 6묶음
→ 4×6=24

답 24

❷ 24 → 8씩 3묶음

답 3묶음

❸ 24는 8씩 3묶음
→ 24는 8의 3배

답 3배

독해 문제 5-1

정답에서 제공하는 **쌍둥이 문제**

[보기]의 수는 6의 몇 배와 같은지 구해 보세요.

[보기]
3씩 4묶음

구 [보기]의 수는 6의 몇 배
주 [보기]의 수: 3씩 4묶음
어 ❶ 3씩 4묶음이 몇인지 구한 후,
❷ 그 수는 6씩 몇 묶음인지 생각하여 6의 몇 배인지 구하자.
해 ❶ 3씩 4묶음 → 3×4=12
❷ 12 → 6씩 2묶음
❸ 12는 6씩 2묶음 → 12는 6의 2배

답 2배

독해 문제 6

구 클
주 2
해 ❶ 곱하는 두 수가 클수록 계산 결과는 크다.

답 **클수록**에 ○표

❷ 7>4>3
→ 곱하는 두 수가 커야 하므로 계산 결과가 가장 크게 되는 두 수는 7, 4이다.

답 예 7, 4

❸ 7×4=28

답 28

참고
• 곱하는 두 수가 클수록 계산 결과는 크다.
• 곱하는 두 수가 작을수록 계산 결과는 작다.

독해 문제 6-1

정답에서 제공하는 **쌍둥이 문제**

3장의 수 카드 중에서 2장을 뽑아 한 번씩만 사용하여 곱셈식을 만들려고 합니다. /
계산 결과가 가장 작을 때의 값을 구해 보세요.

4 8 2 → □×□

구 수 카드로 만든 곱셈식의 계산 결과가 가장 작을 때의 값
주 • 3장의 수 카드 중에서 2장을 뽑아 한 번씩만 사용함.
• □×□의 곱셈식을 만듦.
어 ❶ 계산 결과가 가장 작게 되는 두 수를 구하여
❷ 곱셈식을 만들어 계산 결과를 구하자.
해 ❶ 곱하는 두 수가 작을수록 계산 결과는 작다.
❷ 2<4<8이므로 계산 결과가 가장 작게 되는 두 수는 2, 4이다.
❸ 따라서 계산 결과가 가장 작을 때의 값은 2×4=8이다.

답 8

4 STEP 창의·융합·코딩 체험하기 140~143쪽

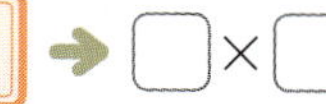

창의 ❶

주차장에 있는 오토바이: 5대
→ (오토바이 바퀴의 수)=2×5
=10(개)

답 10개

주의 주차장에 있는 자동차의 수를 세지 않도록 한다.

융합 ❷

(필요한 꽃잎의 수)=8×5=40(장)

답 40장

융합 ❸

(은애네 아파트의 집 수)=3×7
=21(집)
→ 필요한 태극기: 21개

답 21개

창의 4

$2 \times 9 = 18$, $4 \times 6 = 24$, $8 \times 3 = 24$ 답

| 2×9 |
| 4×6 |
| 8×3 |

창의 5

$35 > 16$이므로 보물이 있는 장소는 35가 쓰인 바다이다.

답 35 / (　) (○)

창의 6

(백설공주가 상자에 넣은 사과의 수)
$= 7 \times 6 = 42$(개)
➡ (상자에 넣고 남은 사과의 수)
$= 48 - 42 = 6$(개)

답 6개

창의 7

다영이가 말한 수는 8이다.
$8 \times 8 = 64$
➡ 민재가 답해야 하는 수: 4

답 4

코딩 8

4를 입력한 후 '$\times 2$'를 2번 반복한다.
$4 \times 2 = 8$, $8 \times 2 = 16$

답 16

종합평가 실전 마무리 하기 144~147쪽

1 ❶ 단추 1개에 구멍이 4개씩 있으므로 단춧구멍은 모두 4씩 8묶음이다.
❷ (단춧구멍의 수) $= 4 \times 8 = 32$(개)

답 32개

2 ❶ 공: 3개, 튜브: 18개
❷ 튜브는 3씩 6묶음이다.
❸ 튜브의 수는 공의 수의 6배이다.

답 6배

3 ❶ ♣ 모양은 7개씩 3줄이다.
❷ (♣ 모양의 수) $= 7 \times 3$
$\qquad = 21$(개)

답 21개

4 ❶ 5씩 4묶음은 20이다.
❷ 지워진 곳에 알맞은 수: 4

참고 $5 \times \blacksquare = 20$ ➡ 5씩 $\blacksquare$묶음은 20이다.

답 4

5 ❶ (인절미의 수) $= 8 \times 7$
$\qquad = 56$(개)
❷ $60 > 56$이므로 송편이 더 많다.

답 송편

6 ❶ (한 상자에 들어 있는 만두의 수)
$= 3 \times 5 = 15$(개)
❷ (먹고 남은 만두의 수) $= 15 - 9$
$\qquad = 6$(개)

답 6개

7 ❶ (경수의 나이) $= 3 \times 3 = 9$(살)
❷ (어머니의 연세) $= 9 \times 5 = 45$(세)

답 45세

8 ❶ 모자: 4개, 목도리: 4개
❷ (짝 지을 수 있는 방법 수)
$= 4 \times 4 = 16$(가지)

답 16가지

9 ❶ (호랑이 6마리의 다리 수) $= 4 \times 6 = 24$(개)
❷ (오리 5마리의 다리 수) $= 2 \times 5 = 10$(개)
❸ (다리 수의 합) $= 24 + 10 = 34$(개)

답 34개

참고 호랑이 한 마리의 다리는 4개, 오리 한 마리의 다리는 2개이다.

10 ❶ 곱하는 두 수가 클수록 계산 결과는 크다.
❷ 계산 결과가 가장 크게 되는 곱셈식: 8×6
❸ $8 \times 6 = 48$

답 48

공부 잘하는 아이들의 비결

성적 향상에 강한 밀크T

키즈부터 고등까지
전학년, 전과목 무제한 수강

초등 교과 학습 전문 최정예 강사진

국·영·수 수준별 심화학습

최상위권으로 만드는 독보적 콘텐츠

우리 아이만을 위한 정교한 AI 1:1 맞춤학습

1:1 초밀착 관리 시스템

www.milkt.co.kr | 1577-1533

성적이 오르는 공부법
무료체험 후 결정하세요!

정답은
이안에
있어!

천재교육 커뮤니티 안내

교재 안내부터 구매까지 한 번에!
천재교육 홈페이지

자사가 발행하는 참고서, 교과서에 대한 소개는 물론
도서 구매도 할 수 있습니다. 회원에게 지급되는 별을 모아
다양한 상품 응모에도 도전해 보세요!

다양한 교육 꿀팁에 깜짝 이벤트는 덤!
천재교육 인스타그램

천재교육의 새롭고 중요한 소식을 가장 먼저 접하고 싶다면?
천재교육 인스타그램 팔로우가 필수!
깜짝 이벤트도 수시로 진행되니 놓치지 마세요!

수업이 편리해지는
천재교육 ACA 사이트

오직 선생님만을 위한, 천재교육 모든 교재에 대한 정보가 담긴
아카 사이트에서는 다양한 수업자료 및 부가 자료는 물론
시험 출제에 필요한 문제도 다운로드하실 수 있습니다.

https://aca.chunjae.co.kr

천재교육을 사랑하는 샘들의 모임
천사샘

학원 강사, 공부방 선생님이시라면 누구나 가입할 수 있는 천사샘!
교재 개발 및 평가를 통해 교재 검토진으로 참여할 수 있는 기회는 물론
다양한 교사용 교재 증정 이벤트가 선생님을 기다립니다.

아이와 함께 성장하는 학부모들의 모임공간
튠맘 학습연구소

튠맘 학습연구소는 초·중등 학부모를 대상으로 다양한 이벤트와 함께
교재 리뷰 및 학습 정보를 제공하는 네이버 카페입니다.
초등학생, 중학생 자녀를 둔 학부모님이라면 튠맘 학습연구소로 오세요!